WOLFGANG SCHREIL

Lotta Mardermädchen

WOLFGANG SCHREIL

»Woid Woife«

Mit Leo G. Linder

Lotta Mardermädchen

Die unglaubliche Geschichte einer außergewöhnlichen Freundschaft

LUDWIG

Cradle to Cradle Certified® ist eine eingetragene Marke des Cradle to Cradle Products Innovation Institute. Das Etikett ist kein Bestandteil der erlangten C2C Zertifizierung bei GGP Media.

MIX
Papier | Fördert gute Waldnutzung
FSC® C014496

Penguin Random House Verlagsgruppe FSC® N001967

2. Auflage
Originalausgabe 04/2024

Redaktion: Evelyn Boos-Körner
Umschlaggestaltung: Eisele Grafik-Design, München,
unter Verwendung der Fotos von Wolfgang Schreil
Fotografien im Bildteil: Privatarchiv Wolfgang Schreil
Satz: satz-bau Leingärtner, Nabburg
Druck und Bindung: GGP Media GmbH, Pößneck
Printed in Germany
ISBN: 978-3-453-28170-7

www.Ludwig-Verlag.de

Inhalt

März

Vormittags sieht dieser 29. März nach einem ereignislosen Tag aus. Ich muss nirgendwo hin, ich habe nichts Besonderes vor, ich plane nicht mal, aus dem Haus zu gehen. Ungewöhnlich ist allerdings, dass es um die Mittagszeit dreiundzwanzig Grad hat. Im März. Im Bayerischen Wald. In Bodenmais.

Ein ruhiger Tag ist es trotzdem nicht. Die ersten Eichhörnchenbabys sind bei mir abgegeben worden. Der normale Frühjahrswahnsinn: Irgendwer hat eines von der Straße aufgelesen oder unter einem Baum gefunden und gemeint, dieses hilflose, offenbar von der Mutter verlassene Wesen sei bei mir am besten aufgehoben. Dieses Jahr sind die Eichhörnchen früher dran als sonst, vier sind bei mir schon zusammengekommen. Deswegen laufe ich Ende März bereits zwischen Küche und Arbeitszimmer hin und her, rühre Milchpulver an und verabreiche Fläschchen. So wird es heute den ganzen Tag über gehen, mit kurzen Erholungspausen, auf der Terrasse vermutlich. Das Wetter ist schön.

Am frühen Nachmittag klingelt mein Handy. Es meldet sich die Mitarbeiterin eines Tierarztes, der seine Praxis in Viechtach hat, fünfundzwanzig Kilometer von hier. Dort kennt man mich, wir arbeiten seit Jahren zusammen. Worum geht es diesmal? Um einen Steinmarder, ein ganz junges Tier, wahrscheinlich nicht mal eine Woche alt. Ob ich bereit sei, dieses Marderbaby in meine Obhut zu nehmen?

»Ja … mal schauen. Ist das Tierchen bei euch?«

»Das nicht. Aber die Frau, die es gefunden hat, würde es vorbeibringen.«

»Soll ich noch warten?«

»Sie richtet sich nach dir. Sie ist aus Viechtach.«

»In einer halben Stunde bin ich da.«

Ich setze mich ins Auto. Solche Aktionen fallen für mich unter Routineeinsatz. Das Viechtacher Marderbaby ist das erste in diesem Jahr, aber es wird nicht das letzte sein, davon darf man ausgehen. Wie viele verwaiste Steinmarderjunge sind im Lauf der Zeit bei mir gelandet? Es dürften vierzig sein, vielleicht fünfzig. Als ich die Tierarztpraxis betrete, werde ich von der Finderin schon erwartet. Aus ihrer Hand schaut ein winziges Marderbaby hervor, kaum größer als ihr Daumen, die Augen noch geschlossen, vier oder fünf Tage alt, wer weiß. In diesem Alter haben sie einen hellgrauen Flaum aus dünnen Härchen; würde man reinblasen, würden sie nach allen Seiten auseinanderfliegen. Welches Geschlecht? Wir schauen nach. Marder machen es einem leicht, der kleine Unterschied springt ins Auge, und dies hier ist ein Mädchen – oder, um den Fachbegriff zu verwenden, eine Fähe.

So wie dieser sehen Steinmarder wenige Tage nach der Geburt alle aus, aber etwas lässt mich an diesem Winzling stutzen. Er liegt da, in die Hand geschmiegt, reglos und blind, aber er strampelt mit den Pfötchen, sobald die Frau ihm übers dünne Fell streichelt. So klein dieses Mardermädchen ist, reagiert es schon und zeigt sich von einer Liebkosung angetan, fast sollte man meinen beglückt. Auf der Stelle überkommt mich Sympathie für dieses Marderbaby – kein ganz gewöhnlicher Charakter, wie's aussieht. Na ja, sage ich mir. Wart's ab. Bald wird es wie alle anderen sein ...

Seine Retterin ist eine freundliche Person, und wir kommen ins Gespräch. Wo hat sie diesen Marder gefunden? Gleich vor ihrem Haus. Mitten auf dem Weg, in der prallen Mittagssonne.

»Seid ihr dabei umzubauen?«

»Nein«, sagt sie und besinnt sich dann. Ihr fällt der Nachbar ein. »Der lässt gerade das Dach runterreißen. Bei ihm kommt ein neues drauf.«

Da haben wir's. »Ich kann Ihnen sagen, was passiert ist. Die Mama der Kleinen hat da oben beim Nachbarn mit ihren Jungen gewohnt. Voller Panik, weil plötzlich das Dach abgedeckt wird, versucht sie, ihren Nachwuchs in Sicherheit zu bringen. Sie weiß aber nicht, wo. Auf der gegenüberliegenden Straßenseite vielleicht, weil's da Bäume gibt? Jedenfalls ist Eile geboten. Sie nimmt das erste Junge, rennt los und überquert gerade die Straße, da hupt ein Auto, da bellt ein Hund, da lässt irgendein lautes Geräusch sie zusammenfahren, das Junge fällt ihr aus dem Maul, und sie ergreift die Flucht. Und dort, auf der Straße, finden Sie es. Gerade noch rechtzeitig, bevor es die Katze entdeckt.«

Hat sie also richtig gehandelt? Marder sind intelligent – nicht ausgeschlossen, dass die Mutter zurückkommt und sich ihr Junges doch noch schnappt und mitnimmt. Genauso besteht allerdings die Möglichkeit, dass sie keinen Rettungsversuch unternimmt, weil sie in dem Chaos, das mit den Bauarbeiten über sie hereingebrochen ist, nicht mehr dazukommt. Die Gefahr, dass ein Mensch dieses winzige Etwas zertritt, ein Hund sich dafür interessiert, eine Katze den kleinen Marder als Zwischenmahlzeit betrachtet, ist groß. Aus meiner Sicht hat die Frau richtig gehandelt, und jetzt ist es sowieso zu spät – ich kann ihr nicht sagen: Bringen Sie das Tierchen zurück … Nun ist es da.

Und ich übernehme es. In meiner Hand wirkt es noch kleiner. Ob sie mich anrufen und sich nach seinem Befinden erkundigen dürfe? Ich habe nichts dagegen. Das fragen fast alle, aber die wenigsten tun es; in den meisten Fällen ist so ein Findeltier nach zwei Tagen vergessen. Davon abgesehen habe ich in manchen Jahren so viele Jungtiere zu betreuen, dass mich jeder dieser Anrufe in Verlegenheit bringen würde. Auf die Frage »Hat mein Eichhörnchen überlebt?«, müsste ich antworten: »Welches der neun (oder fünfzehn) meinen Sie?« Nun denn. Ich verabschiede mich und überführe mein Mardermädchen nach Bodenmais. So beginnt an diesem 29. März das schönste Jahr meines Lebens.

Sie wird nie wie alle anderen sein. Sie ist etwas Besonderes. Es ist eine seltsame Ahnung, nur ein Gefühl, aber schon auf der Rückfahrt weiß ich, dass sie einen Namen bekommen wird. Dass sie einen Namen bekommen muss. Die meisten Tiere, die ich großziehe, bleiben namenlos, aber jetzt rattert es in meinem Kopf: Wie soll sie heißen? Pippi, wie Pippi Langstrumpf? Warum nicht. Die macht, was sie will, die setzt ihren Kopf durch, die ist in ihrer Verrücktheit unwiderstehlich liebenswert, das passt. Jedenfalls kommt es mir vor, als ob dieser Name passen könnte, obwohl … Pippi? Das wäre missverständlich, um es vorsichtig auszudrücken. Pippilotta wäre unverfänglicher; auch Pippi Langstrumpf heißt offiziell Pippilotta Langstrumpf. Nur – Pippilotta ist zu lang. Meine kleine Marderdame braucht einen kurzen, einprägsamen Namen. Also einfach Lotta?

Als ich zu Hause angekommen bin, einigen sich meine Frau Sabine und ich auf Lotta. So wird sie von nun an heißen, wenn ich von ihr rede. Wenn ich aber in späterer Zeit mit ihr reden werde, wenn ich sie ansprechen oder nach ihr rufen werde, wird sie Keke heißen. Keke ist ein Wort aus der Mardersprache. Lotta versteht es natürlich. Sie wird wissen, wer damit gemeint ist, und reagieren.

Ich kenne mich ja mit Mardern aus, ich weiß, wie man sie großzieht. Es ist viel Arbeit, aber das ist nicht der Punkt. Was mich beschäftigt: Sollte es dieses Jahr bei diesem einen Marderbaby bleiben, könnte es schwer werden, eine Fehlprägung zu verhindern. Ich wäre dann monatelang seine einzige Bezugsperson, und es könnte sich so sehr an mich gewöhnen, dass es ein Leben in freier Wildbahn nicht mehr für sonderlich erstrebenswert hält, wenn's im Sommer ans Auswildern geht. Ein oder zwei weitere Artgenossen würden Lotta guttun.

Aber ich kann keine herbeizaubern. Und ich werde mich in den kommenden Monaten auch nicht mit Lotta abends vor den Fernseher setzen, um gemeinsam Katastrophenfilme oder Talkshows anzusehen. Bis jetzt haben sich alle meine Marder früher oder später ins Abenteuer der Freiheit gestürzt, sobald sie das Alter dafür erreicht hatten. Noch mache ich mir deswegen also keine Gedanken. Es kann immer noch einer dazukommen, es ist noch früh im Jahr, und noch ist Lotta blind, noch bekommt sie wenig von der Welt mit. Wer erinnert sich schon daran, was er als Säugling erlebt hat?

Wohin mit Lotta? Vorläufig bleibt sie bei mir in der Wohnung. Der Bauwagen, den ich draußen im Wald habe, bietet sich in der Anfangszeit noch nicht als Kinderstube an.

Ich kann ein so winziges Tier ja kaum aus den Augen lassen. Zwei Monate lang wird es mich Tag und Nacht in Atem halten, ich müsste also in den Bauwagen umziehen, ein sehr provisorisches Einsiedlerleben führen und jeden Morgen den Ofen heizen, um Wasser fürs Milchpulver aufzuwärmen … Nicht die praktischste Lösung. Ich lebe im Ort und habe in meiner Wohnung alles, was ich brauche: ganze Kartons voller Medikamente, Antibiotika, Schmerzmittel, Kochsalzlösung für völlig entkräftete Pflegefälle, also ein halbes Krankenhaus für

Tiere und außerdem Spritzen, die sich durch winzige Schnuller in Fläschchen verwandeln, Leintücher, Babywindeln, Wärmeunterlagen und jede Menge Milchpulvertüten. Das hat sich im Lauf der Zeit so ergeben, jetzt füllt dieses nützliche Sammelsurium einen Schrank in unserem Büro, also wandern alle Neuzugänge erst einmal ins Arbeitszimmer der Familie Schreil. Auch Lotta.

Mensch und Tier hocken in diesem Büro ziemlich dicht aufeinander. Es ist eng hier; mit dem Schreibtisch, dem Aquarium und den Schränken ist dieses Zimmer eigentlich voll, obendrein steht aber noch ein Bett drin, dazu kommt die Dachschräge. Viel Bewegungsfreiheit ist nicht vorhanden, aber es gibt ausreichend Stellflächen für die Käfige, zur Not auf dem Schreibtisch, und durch das kleine Fenster fällt nur gedämpftes Licht herein, was meinen verschlafenen Mitbewohnern entgegenkommt. Natürlich könnte ich einen Wickeltisch brauchen – dafür ist aber wirklich kein Platz, und das Bett tut's auch.

Wie zu erwarten, riecht das Büro nach Tier. Empfindliche Nasen werden daran Anstoß nehmen – jede Tierart besitzt ihre eigene Duftnote –, aber ich selbst atme meine Büroluft mit Vergnügen. Was zum Beispiel Marder angeht … Sabine hasst ihre Ausdünstungen. Sie reagiert allergisch darauf, sie sagt: »Marder stinken.« Aber ich kann nicht genug davon bekommen, mich erinnert der Geruch eines Marders an das Aroma von würzigem Gebirgshonig. Wahrscheinlich, weil ich damit nur Erfreuliches verbinde. Wir interpretieren Düfte eben nach unseren Erfahrungen, weshalb derselbe Geruch beim einen Widerwillen und beim anderen Glücksgefühle auslöst. Ich habe seinen Geruch gern in der Nase, und schon deshalb bin ich über den ersten Marder dieses Jahres froh.

Lotta bekommt einen eigenen Meerschweinchenkäfig. Eigentlich ist er viel zu groß für sie. In diesem Käfig wäre Platz für einen ganzen Wurf, weil sich Tierbabys in ihrem Alter noch keine Bewegung verschaffen müssen; sie schlafen fast ununterbrochen. Ich könnte mehrere von Lottas Größe in einen kleinen Korb legen, unbequemer als in ihrem alten Zuhause hätten sie's dort auch nicht. Die Unterbringung ist in der Anfangszeit also ziemlich wurscht, diese Winzlinge wollen nur ihre Ruhe haben. Aber weich soll die neue Wohnhöhle dann doch sein. Und warm. Und sauber. Damit komme ich ins Spiel.

Bislang nimmt Lotta ausschließlich dadurch am Leben teil, dass sie sich in ihrem Fell wohlfühlt, und besser könnte sie es in Anbetracht der Umstände kaum haben, würde ich sagen. Solange sie im Käfig ist, liegt sie auf einer elektrisch beheizbaren Matte, die für moderate Nestwärme sorgt. Würde sie draufpieseln, bekäme sie trotzdem keinen Schlag, denn diese Wärmedecke ist genau für den Zweck, den sie gerade erfüllt, erdacht worden und deshalb imprägniert. Mehrere Marder könnten sich natürlich gegenseitig wärmen, aber Lotta hat keine Schicksalsgenossen zum Kuscheln. Deshalb sorge ich am zweiten Tag für Ersatz und entwende unseren Katzen vorübergehend eine Stoffmaus, ungefähr in ihrer Größe. Jetzt hat sie etwas, das sich wenigstens nach Tier anfühlt, und tatsächlich wird sie später große Freude dran haben. Aber vorerst ignoriert sie die Maus. Vorerst geht ihr Schlafen über alles.

Außer Trinken. Damit beginnt eine Prozedur, die sich in vierundzwanzig Stunden siebenmal wiederholt, vielleicht auch achtmal. Ich begebe mich in die Küche und setze einen Topf Wasser auf. Ich schütte Milchpulver rein. Ich verrühre das

Pulver im heißen Wasser. Lotta bekommt natürlich Milch, aber Kuhmilch kommt nicht infrage – kein Wildtier verträgt frische Kuhmilch. Mit Ziegenmilch könnte man vermutlich die meisten Tiere durchbringen, aber das Beste für Marder ist Katzenaufzuchtmilch in Pulverform, in Wasser aufgelöst. Damit befülle ich dann eine handelsübliche Spritze und setze einen winzigen Schnuller auf, einen Spezialaufsatz für sehr kleine Tiere, gehe anschließend rüber ins Büro, breite ein Leinentuch auf dem Bett aus, lege Klopapier bereit, nehme Lotta aus ihrem Käfig und setze sie auf meinem improvisierten Marderwickeltisch ab, denn vor der Milch kommt die Massage.

Als Nächstes massiere ich nämlich Lottas Bäuchlein, um ihre Verdauung anzuregen. Ohne diese Massage könnte sie weder pieseln noch Kot ausscheiden, der Verdauungstrakt von Mardern arbeitet in diesem Alter noch nicht selbstständig, es ist eine lebenserhaltende Maßnahme. Ihre leibliche Mutter würde genauso verfahren und dafür die Zunge benutzen, ich mache es mit dem Finger. Übrigens müssen Jungtiere anderer Arten auf dieselbe Weise stimuliert werden. Bei meinen kleinen Eichhörnchen gehe ich genauso vor, und eine Katzen- oder Hundemutter leckt ihrem Nachwuchs in den ersten Wochen auch die Bäuche. Habe ich erfolgreich massiert, geht der ganze Segen ins Klopapier, und der kleine Körper wird abgeputzt. Es kommt vor, dass sie sich unabsichtlich selbst stimulieren, indem sie über den Käfigboden rutschen; in diesen Fällen muss ich hinterhergehen und aufwischen. Ein sauberer Käfig ist wichtig, auch eine Tiermutter sorgt für ein sauberes Nest. Und jetzt gibt's das Fläschchen.

Einem so kleinen Wesen die Flasche zu geben, ist eine Kunst – es soll ja schlucken, aber es darf sich um Himmels willen nicht verschlucken. Mittlerweile habe ich allerdings

Erfahrung darin, die Milch so langsam wie nötig aus der Spritze zu drücken. Außerdem weiß ich, dass man die Spritze etwas bewegen muss, um den Schluckreflex zu stimulieren. Halte ich still, kann es passieren, dass Lotta die Milch seitlich aus den Lefzen herausläuft. Bewege ich die Spritze aber leicht hin und her, fühlt sie sich animiert, diese Gelegenheit zum Trinken tatkräftig zu nutzen – eine Mardermutter hält auch nicht immer still, die hat nicht ewig Zeit, das Junge muss sich also ranhalten, wenn es satt werden will. Wer weiß, wann sich die nächste Chance bietet.

Natürlich verabreiche ich jetzt zu Beginn nur winzige Portionen Milch, einen, höchstens zwei Fingerhüte voll. Mit der Zeit wird's mehr werden. Und Lotta ist nicht die einzige. Bis Anfang April sind weitere Eichhörnchenbabys dazugekommen, auch junge Vögel, Blaumeisenküken, Amselküken, und inzwischen bin ich einen Großteil des Tages mit Rühren, Massieren, Füttern und Flaschegeben beschäftigt. Wenn ich mit meinem letzten Pflegekind fertig bin, könnte ich mit dem ersten wieder anfangen. Verreisen ist in diesen Wochen natürlich unmöglich. Ich kann mich nicht mal eben für drei Tage verabschieden, um im Fernsehen aufzutreten oder irgendwo in Deutschland einen Vortrag zu halten. Will ich abends für ein paar Stunden in den Wald, füttert meine Frau, nur – tagsüber arbeitet sie außerhalb, und nachts schläft sie. Ich mach's aber gern. Besonders, wenn ich zu einem gewissen Meerschweinchenkäfig komme, in dem eine gewisse kleine Marderdame schläft.

April

Keine zwei Wochen später hat Lotta Gesellschaft. Ihren Meerschweinchenkäfig teilt sie jetzt mit zwei Artgenossen, ebenfalls Mädchen, im gleichen Alter wie sie und mit derselben kurzen, aber dramatischen Lebensgeschichte: von ihren Müttern aus irgendeinem Grund verlassen und vergessen, von gutherzigen Menschen in der Nähe ihrer Wohnungen entdeckt und geborgen und zu mir gebracht. Als ich die beiden Neulinge in den Käfig lege, zeigt Lotta keine Reaktion, sie schläft einfach weiter. Für sie bleibt zunächst alles beim Alten, und so seltsam es klingt: für mich auch.

Wann immer ich einen Blick in diesen Käfig werfe, sehe ich eine Lotta und zwei anonyme Marderbabys. Dabei unterscheiden sich die drei fürs Auge überhaupt nicht: das graue Fell, das ganz allmählich dunkler wird, der typische weiße Kehlfleck, bisher nur ein heller Tupfen unterm Kinn, das rundliche Köpfchen, die kurzen Pfötchen, der schmale, längliche Rumpf – ein Fremder würde keinen Unterschied erkennen. Wie die meisten Tierbabys sind alle drei einfach süß. Die beiden Neuen kommen auch durchaus nicht zu kurz. Ich sorge für sie genauso, wie ich für Lotta sorge. Aber sie bekommen keine Namen. Mir wollen keine Namen für sie einfallen, ich denke aber auch keine Sekunde lang drüber nach, schließlich kriegen die wenigsten Tiere bei mir einen Namen. Nein, Tatsache ist: Ich finde sie alle bezaubernd, weil ich Marder überhaupt von vorn bis hinten großartig finde, aber die beiden Neuen gehen mir nicht zu Herzen. Sie sind völlig unauffällig; beide nehmen meine Sorge um ihr Gedeihen nach Marderart ohne nennenswerte Freudenbekundungen hin, und es gibt wenig über sie zu erzählen. Nur Lotta liefert mir ständig Stoff für Geschichten.

Ich habe jetzt den Vergleich und finde bestätigt, was mir schon in den ersten Minuten unserer Bekanntschaft aufgefallen ist: Lotta verhält sich anders. Sie hat ihren eigenen Stil. Noch immer ist sie viel zu klein, um sich aus eigener Kraft von der Stelle zu bewegen. Sie kann weder laufen noch krabbeln, sie liegt mehr oder weniger reglos auf ihrer Decke im Käfig, Seite an Seite mit ihren beiden neuen Mitbewohnerinnen, die genauso vor sich hindösen, und trotzdem verhält sie sich anders.

Nichts kann sie erschüttern. Allem, was in ihrem mardermutterlosen Leben vorfällt, gewinnt sie die schönsten Seiten ab. Schon wenn ich sie aufnehme, um ihr Milch zu geben, gerät sie regelrecht in Fahrt und saugt nach Leibeskräften und säuft, was das Fläschchen hergibt – ich muss höllisch aufpassen, dass sie sich nicht verschluckt. Vom ersten Tag an hat sie geräuschvoll und mit offensichtlicher Wonne getrunken, während die anderen beiden den Schnuller bisher nur zaghaft annehmen. Man könnte sagen: Die zwei Nachzügler fremdeln, Lotta hingegen scheint bei mir in ihrem Element zu sein und willens, alle Vorteile ihrer Situation auszukosten.

Und dann das Stimulieren des Verdauungstrakts. Das funktioniert zwar auch bei den anderen – die Urintröpfchen kommen, der Kot auch, aber die Prozedur gefällt ihnen nicht sonderlich, sie protestieren, ihre dezenten Knurrlaute klingen jedenfalls verärgert. Unverkennbar wollen sie in Ruhe gelassen werden, Lotta hingegen … Ich nehme sie aus dem Käfig, lege sie auf den Rücken, und Lotta streckt sich genüsslich aus, wirft die Pfoten zur Seite und rekelt sich. Sobald ich sie dann mit dem Finger am Bauch berühre, reagiert sie wie auf einen Elektroschock, strampelt mit den Hinterbeinen, greift mit den Vorderpfoten nach meiner Hand oder streicht sich selbst mit beiden Pfoten über Hinterkopf, Ohren und Gesicht, als gäbe es für sie nichts Schöneres.

Immer versucht sie, etwas von mir zu fassen zu kriegen und festzuhalten, mal mit ihren Pfoten, mal mit ihrem Mäulchen. Sie sucht den Kontakt, sie ist verrückt nach Berührung, sie zeigt das Behagen, das meine Hand ihr bereitet, sie kommuniziert. Und sie genießt. Ihrer Mutter gegenüber würde sie sich zweifellos genauso verschmust verhalten, und dass ich kein Marder bin, ist ihr egal. Kurzum: Mit allem, was ihr widerfährt, ist Lotta mehr als einverstanden – und geht aufs Ganze. Ist Trinken angesagt, ist sie mit Lust und geradezu gierig bei der Sache. Ist Massieren angesagt, kann sie vom Spielen und Schmusen nicht genug bekommen. Ist Ruhe angesagt, schläft sie tief und entspannt und beinahe selig. Ich habe das Gefühl, als wäre dieses ausgefallene Exemplar einer kleinen Marderdame für Wohltaten nicht nur empfänglich, sondern regelrecht dankbar. Noch nie habe ich etwas wie sie erlebt.

Oft schläft Lotta jetzt bei den anderen. Sie hat den Neuzuwachs sozusagen kommentarlos akzeptiert und genießt die Nähe ihrer Artgenossen – genauso hätte sie sich mit ihren Geschwistern zusammengekuschelt –, aber diese Nähe passt ihr nicht immer. Manchmal sucht sich Lotta ihren eigenen Schlafplatz im Käfig und erfindet sogar eine eigene Schlafstellung. Eines Tages bekommen wir Besuch, darunter eine Freundin meiner Frau. Im Büro geht sie am Marderkäfig vorbei, und im nächsten Moment schreit sie auf: »Sabine! Schnell! Hier stimmt was nicht!«

»Warum?«

»Der eine Marder ist doch tot!«

Wir kommen dazu, werfen einen kurzen Blick in den Käfig und sehen: Die zwei anderen liegen zusammengerollt auf der Seite und schlafen, aber Lotta liegt in Lottamanier da, nämlich für sich allein und auf dem Rücken, die Pfoten lässig ausgestreckt, die Hinterbeine nach unten und die Vorderbeine nach oben – es könnte ja jemand auftauchen, der sie streicheln will … »Ach was«, sagt Sabine. »Das ist Lotta. Die schläft. Schau mal genau hin …« – und jetzt bemerkt auch die Freundin, wie sich Lottas kleiner Brustkorb unter ihren Atemzügen kaum merklich hebt und senkt. »Ja, ist die nicht krank?« Sabine muss lachen. »Von wegen. Die ist entspannt. Lotta ist der entspannteste Steinmarder der Welt.«

Macht es eigentlich einen Unterschied, ob ich Fähen oder Rüden großziehe, also männliche oder weibliche Marderbabys? Für mich nicht, aber in einigen Punkten unterscheiden sie sich doch. Da ist einmal der Geruch. Im Augenblick verströmen meine drei kleinen Fähen ihr Aroma noch einigermaßen dezent. In zwei Monaten wird es deutlich kräftiger sein, aber Rüden riechen in jedem Alter um einiges strenger. Und später, wenn sie die ersten Wochen der Freiheit im Umkreis des Bauwagens erleben, markieren sie früher, das heißt: Rüden haben es eiliger als Fähen, ihr Territorium durch Urinspritzer zu kennzeichnen. Außerdem sind Rüden in aller Regel die Ersten, die sich davonmachen, um ein Leben in freier Wildbahn zu führen – im Oktober sehe ich keinen mehr am Bauwagen, und manche verabschieden sich bereits im September, während Fähen wesentlich länger bleiben; deren Freiheitsdrang entwickelt sich erst allmählich. Anhänglichkeit habe ich bei Rüden jedenfalls nie erlebt, bei Fähen schon. Ich muss mir eingestehen, dass mich dieser Gedanke auf ein längeres Zusammensein mit Lotta hoffen lässt.

Ich erhalte einen Anruf von Annemarie und ahne, dass es um Tierbabys gehen wird. Mit Annemarie verbindet mich eine langjährige Freundschaft. Sie ist eine Tierfreundin und Tierschützerin aus der Gegend von Regensburg und erfahren darin, Rehkitze großzuziehen. Wir helfen uns gegenseitig – habe ich mal ein Rehkitz, bringe ich es zu Annemarie, weil es da in den besten Händen ist, hat sie mal Eichhörnchen oder Ähnliches, ruft sie mich an, weil ich die größere Erfahrung mit kleinen Viechern besitze

»Du, Woife«, sagt Annemarie, »ich hab Marder. Drei Steinmarder.«

Au weia. Aus drei mach sechs ... Aber Freundschaft verpflichtet. »Soll ich sie jetzt gleich abholen?«

»Nein, mach dir keine Gedanken. Ich zieh sie mit der Flasche groß. Aber sobald sie entwöhnt sind, würde ich dich bitten, vorbeizukommen und die drei mitzunehmen, weil du die Möglichkeit hast, sie auszuwildern.«

Das stimmt. Wer sonst hat schon einen Platz, wo sich Tiere langsam an die Natur gewöhnen können, ohne dass sich ein Nachbar beschwert, ein Hühnerstall in Gefahr gerät oder Autos das Leben der Jungtiere bedrohen? Mein Bauwagen im Wald ist ein Glücksfall. Folglich bin ich einverstanden – »Wenn's so weit ist, hole ich sie bei dir ab.«

Also keine Marderinvasion, kein Getümmel im Meerschweinchenkäfig. Ich bin nicht undankbar dafür, und die Voliere am Bauwagen ist geräumig, da treten sie sich auch dann nicht gegenseitig auf die Füße, wenn sie zu sechst sind.

Die Nächte verbringe ich bei meinen Tieren im Büro. Ich könnte sie nachts genauso gut sich selbst überlassen, aber ich würde womöglich meine Frau wecken, wenn ich für die letzte Fütterung des Tages das Bett verlasse; das will ich nicht. Deshalb auch der Fernseher im Büro. Manchmal tut es mir gut, abends noch eine Weile fernzusehen, weil ich nicht schlafen kann oder Ablenkung brauche, denn aufreibend ist diese Anfangszeit schon, und wenigstens einmal am Tag will ich auf andere Gedanken kommen.

Und Fernsehen ist unter den gegebenen Umständen besser als Lesen. Zum Lesen brauche ich Licht, dann ist aber das ganze Zimmer erleuchtet, während der Bildschirm nur gedämpftes Licht abgibt, und in diesem Fall reicht es, eine Decke über den Käfig meiner drei Marder zu werfen. Der Ton stört sie derzeit noch nicht. Es stimmt zwar, dass sie sich tunlichst nicht an andere menschliche Stimmen gewöhnen sollen, aber unsere Unterhaltungen tagsüber bekommen sie ja auch mit, und ab Ende des Monats werde ich mir vorsichtshalber einen Kopfhörer aufsetzen. Denn mit der Stimme des Tagesschausprechers oder des Sportmoderators im Ohr sollen sie nicht aufwachsen – sobald meine Marder ihre Umgebung wahrnehmen können, darf ihnen nur eine Stimme bekannt vorkommen, nämlich meine. Nicht, dass sie Vertrauen zu Menschen fassen, weil sie den Klang ihrer Stimmen von klein auf kennen und deshalb unbedenklich finden.

Bis halb eins oder eins in der Nacht bleibe ich wach, behalte meine Marder im Auge, unterziehe sie noch einmal der bekannten Prozedur und verabreiche ihnen die letzte Mahlzeit; anschließend schlafen wir alle problemlos für die nächsten sechs Stunden durch.

Ab wann ich das Massieren nicht mehr fortzusetzen brauche, weiß ich im Voraus nie. Die Tiere zeigen es mir. Irgendwann nämlich schaue ich in den Käfig und sehe Kot. Oder ich sehe eine Pfütze. Oder ich habe sie kaum angefasst, und schon pieseln sie los. Dann weiß ich: Demnächst kannst du aufhören.

Um ganz sicher zu sein, dass Darm und Blase leer sind, stimuliere ich noch ein paar Tage länger, aber demnächst ist endgültig Schluss. Sechs Wochen, nachdem sie zur Welt gekommen sind, arbeitet alles in diesen immer noch sehr kleinen Körpern von selbst.

Und es tut sich noch mehr: Ich sehe bei Lotta die ersten Zähne. Bis jetzt hat sie meinen Bart, meine Nase, meine Finger zwischen ihre zahnlosen Kiefer genommen, aber allmählich wird es spannend. Erwachsene Marder haben nadelspitze Zähne, vor denen sich auch ein Mensch in Acht nehmen muss, aber einstweilen kann ich ganz unbesorgt sein – es wird Mai, Ende Mai werden, bis ihr Raubtiergebiss voll einsatzbereit ist.

Ein weiterer Schritt auf dem Weg meiner Marder zum Erwachsensein betrifft die Wärmedecke. Seitdem Lotta Gesellschaft hat, beheize ich diese Decke nur noch zur Hälfte – die andere Hälfte des Käfigbodens bleibt folglich kalt, und jetzt sollen sie selbst entscheiden, wo's ihnen besser gefällt.

Meist schlafen sie jetzt tatsächlich im ungeheizten Teil auf einem Haufen und produzieren ihre Nestwärme selbst – es sei denn, Lotta entschließt sich wieder mal zu ihrer Toter-Marder-Nummer –, sodass ich die Wärmedecke spätestens Anfang Mai weglassen kann.

Die Auswilderung rückt näher. Tiere dieser Größe haben eine kurze Kindheit.

Inzwischen hat mein Zoo seine volle Größe erreicht. Außer Lotta und ihren Genossinnen betreue ich in diesem Frühjahr sechs Eichhörnchen und zehn Vögel. Das mag sich viel anhören, aber für mich sind's wenig, denn es gab Jahre mit vierzig Vögeln. Bei denen ist natürlich einiges anders.

Zum Beispiel dies: Küken unterschiedlicher Vogelarten sehen sich anfangs zum Verwechseln ähnlich. Es ist praktisch unmöglich, bei Jungtieren eine Blaumeise von einer Kohlmeise zu unterscheiden, sie sind baugleich. Stutzig wird man natürlich, wenn ein Vogel immer weiter wächst, wo doch die anderen das Wachstum schon eingestellt haben …

Wobei mir die Vogelart egal ist – Hauptsache, kein Star. Ein Star schreit so laut nach Futter und gibt dabei einen derart scheußlichen Ton von sich, dass es unweigerlich zu Ärger mit den Nachbarn kommt. Junge Stare sind enorm durchsetzungsfähig; als ich mal welche hatte, wusste das ganze Haus, dass sie stets um vier Uhr morgens Hunger bekamen.

Gut, dieses Jahr wachsen mir meine Schützlinge nicht über den Kopf. Es fällt trotzdem eine Menge Arbeit an. Gerade Vögel großzuziehen ist eine aufwendige Sache, weil sie noch häufiger gefüttert werden müssen als Marder oder Eichhörnchen. Sie haben aber auch ihr Gutes, denn es dauert nur zwei bis drei Wochen, bis sie selbstständig fressen. Dann ziehen sie in eine fahrbare Voliere auf unserer Terrasse um – Vogelbabys sind also immer die ersten, die das Büro verlassen. Bleiben bis auf Weiteres sechs Eichhörnchen, zwei Marder und eine Lotta.

Mai

Fotografiert habe ich Lotta von Anfang an. Mit den Videos habe ich dummerweise länger gewartet. Aber wer hätte das auch gedacht! Die ersten Filme zeigen sie im Alter von fünf Wochen, da hat sie die Augen schon geöffnet.

Das allererste Video hat Sabine aufgenommen – nicht der größte Marderfan, wegen des Geruchs … In diesem Video streichele ich Lotta und rede auch mit ihr, während sie auf meinem Unterarm in der Lottastellung hingefläzt daliegt, mich ansieht, ihre Pfoten ausstreckt, um irgendeinen Körperteil von mir zu erhaschen, und mit ihrem Mäulchen nach meiner Nase schnappt. Wenn ich meinen Kopf zu ihr neige, kommt sie dran und beißt rein. Nur ganz leicht, spielerisch. Wie Kleinkinder erkundet und begreift ein kleiner Marder die Welt mit dem Mund, und auch beim Spielen ersetzt ihm das Schnäuzchen die Hände. Zu befürchten habe ich aber noch nichts, Lottas Zähne sind bisher winzig, und so leckt und knabbert sie hingebungsvoll an meiner Nasenspitze.

Ich möchte wirklich mal in so ein Marderhirn reinschauen. Was geht da vor, wenn ein Marderbaby zum ersten Mal seine Augen öffnet und statt der Mutter einen Mann mit Rauschebart und Filzhut erblickt? Kriegt es den Schock seines Lebens? Nach allem, was ich mit Lotta erlebt habe, scheint dieser Unterschied sie in gar keiner Weise zu beschäftigen. Ich könnte ein Dachs oder eine Eule sein, Lotta würde mich anhimmeln. Dass ich ein Mensch bin, ist für sie jedenfalls völlig in Ordnung – Hauptsache Körperkontakt.

Als ich das Video hinterher anschaue, bin ich selbst darüber verblüfft, wie verfallen ich ihr schon bin, wie ineinander verschossen wir beide wirken. Sie kann nicht genug von mir bekommen, ich nicht genug von ihr. Später stellen wir dieses Video für Freunde ins Internet, und die Leute sind vor Rührung hin und weg. Wieder mal wage ich zu hoffen, dass Lotta etwas länger, als Marder das für gewöhnlich tun, bei mir bleiben könnte.

Ganz allmählich werden sie munterer, die drei im Meerschweinchenkäfig. Es geht damit los, dass sie nicht mehr auf der Seite liegen. Plötzlich versuchen sie, auf dem Bauch liegend die Balance zu halten und den Kopf anzuheben, wobei sie sich mit den Pfoten abstützen, um nicht zur Seite wegzukippen. Das ist schwierig genug, sie zittern dabei vor Anstrengung. Solche Aktivitätsphasen dauern aber höchstens zehn Minuten, danach schlafen sie wieder fünf Stunden. Und wenig später fangen sie zu krabbeln an wie Menschenbabys. Der Bauch bleibt sicherheitshalber am Boden, aber mit den Beinen ziehen sie sich eine kurze Strecke vorwärts. Man sieht: Sie wollen schon laufen. Wieder etwas später geht es im Käfig bereits eine halbe Stunde lang recht lebhaft zu, und dann richten sie sich zum ersten Mal auf – sie können stehen! Jetzt dauert es nur noch zwei oder drei Tage, bis sie die ersten wackeligen Schritte machen, und aus dem Stehenkönnen ist ein Laufenkönnen geworden. Umfallen gehört dazu.

Lotta unternimmt ihre allerfrühesten, ungelenken Steh- und Gehversuche auf dem »Wickeltisch«. Sie richtet sich unter Mühen auf, stützt sich mit den Beinchen ab und schwankt bei dem Versuch, sich hochzudrücken. Seltsamerweise dreht sie mir dabei den Kopf zu. Die anderen beiden taumeln vor sich hin, ganz mit sich und dem schwierigen Geschäft des

Laufenlernens beschäftigt, aber Lotta hält selbst in Augenblicken größter Anstrengung Blickkontakt. Will sie gelobt werden, soll ich ihr applaudieren? Wieder einmal denke ich: Mein Gott, was bist du denn für eine?

Letztendlich lernen sie rasend schnell; es vergehen keine drei Wochen zwischen Hilflos-auf-der-Seite-Liegen und Ganz-normal-Unterwegssein. Jetzt rappelt's im Meerschweinchenkäfig, und da ich sie immer noch vorsorglich massiere, muss ich furchtbar aufpassen, dass sie mir nicht vom Bett fallen. Noch haben sie ja keine blasse Ahnung von Dimensionen und Begrenzungen, sie wissen nicht, wo das Bett zu Ende ist und dass es dann achtzig Zentimeter in die Tiefe geht – Laufen macht Spaß, also laufen sie blind drauf los. Würden sie abstürzen, könnten sie sich nicht mal abstützen.

Sie haben Zähne, sie kommen aus eigener Kraft, wohin sie wollen, jetzt ist die Zeit für deftigere Nahrung reif. Ich versuche es als Erstes mit einem Hähnchenherzensmoothie, nehme einen kleinen Mixer, werfe ein paar Herzen rein, stelle ihn an, und die Herzen werden nicht nur gehäckselt, sondern zu Brei gerührt – das Resultat könnte man fast durch einen Strohhalm trinken. Werden die drei meinen Cocktail akzeptieren? Das ist die Frage. Es kann auch sein, dass sie sich überhaupt nicht dafür interessieren.

Die Lust auf Fleisch überkommt sie plötzlich. Heute stellst du ihnen diese Fleischbrühe hin, und sie geben dir zu verstehen: Kenne ich nicht, fresse ich nicht – wo bleibt die Milch? Am folgenden Tag aber ziehen sie den Geruch von Hähnchenherz durch die Nüstern ein, schleichen sich an, schlecken versuchsweise, und dann gibt es kein Halten mehr. Jetzt nehme ich mir einen Hocker, setze mich dazu und wohne ihren Mahlzeiten bei – ja, es schmeckt ihnen, und für die nächsten zwei, drei Wochen erhalten sie beides: Milch und Fleisch. Das Fleisch wenig später in gehäckselter Form, sodass sie beißen und kauen müssen.

Und noch ein paar Tage später stelle ich ihnen das erste rohe Ei in den Käfig, verquirlt und in einem Schüsselchen serviert. Auch ein Übergangsessen, und verquirlt deshalb, weil sie bislang keine Kraft haben, den Dotter aufzubrechen. Ich weiß, wie ungeschickt sie sich in diesem Alter noch anstellen – da liegt das Eigelb vor ihnen, aber sie fahren nur mit den Zungen drüber, sie kriegen den Dotter nicht zu fassen, die verfluchte gelbe Kugel flutscht immer zur Seite weg. In ein paar Wochen werden sie sich ein Hühnerei selbst öffnen und die Schale kurzerhand knacken, aber im Augenblick muss ich ihnen den Inhalt noch mundgerecht aufbereiten.

Am besten kommt allerdings Apfelmus an. Lotta könnte in Apfelmus baden, auch einer der beiden anderen würde am liebsten den ganzen Tag Apfelmus essen, nur der Dritte ist kein großer Freund von Süßigkeiten – die Geschmäcker sind eben auch bei Mardern verschieden. Aus Gründen der ausgewogenen Ernährung bekommen sie von mir allerdings deutlich weniger Apfelmus, als sich die Apfelmusfans unter ihnen wünschen.

Zoff ums Essen gibt's übrigens immer. Jeder reklamiert das Fleischstück des anderen für sich, jeder neidet dem anderen seine Portion. In diesem Punkt verhalten sich Marder nicht anders als Menschenkinder – der grüne Lutscher meiner Schwester ist begehrenswerter als mein roter; immer haben die anderen mehr Glück als ich … Oder auf meine Marder gemünzt: Das Stück Hähnchenherz, das der andere ergattert hat, ist auf jeden Fall schmackhafter als das, was ich erwischt habe. Also her damit – bloß um dann festzustellen: So lecker ist das gar nicht, ich hole mir mein altes Stück zurück. Bei den Mahlzeiten herrscht mittlerweile jedenfalls der schönste Radau, da wird gefaucht und geschrien, bis alle satt sind, und anschließend liegen wieder drei Mardermädchen friedlich vereint in ihrem Käfig. Die ganze Streiterei ums Fressen ist eher Spiel als ernsthafter Kampf.

Kurz und gut: Das Fläschchen wird in absehbarer Zeit der Vergangenheit angehören. Im Mai verabreiche ich ihnen anfangs noch zweimal täglich Milch, dann nur noch einmal, und am Ende stelle ich ihnen ein Schüsselchen Milch in den Käfig und stelle später fest: Das Fleisch ist weg, die Milch ist noch da. Dann weiß ich: Der Tag des Umzugs in die Voliere am Bauwagen steht kurz bevor.

Mit dem Massieren ist es seit einiger Zeit vorbei. Dafür kann ich jetzt regelmäßig den Käfig säubern, wobei Lotta den meisten Dreck macht. Sie stellt es folgendermaßen an: Obwohl sie längst nicht mehr allein ist, fehlt ihr etwas, wenn ihre Stoffmaus mal in der Wäsche ist – in diesem Fall sucht Lotta nämlich überall nach ihr. Die Stoffmaus ist aber deshalb in der Wäsche, weil Lotta vom einen Moment auf den anderen das Interesse an ihr verliert, nachdem sie die Maus eine ganze Weile im Käfig mit sich herumgeschleppt hat, und ihr Spielzeug dann einfach fallen lässt, egal wohin, mal in die Milchschüssel, mal in den Futternapf. Das ist typisch für sie: Lotta ist durch und durch impulsiv. Verliert sie die Lust, bricht sie eine Beschäftigung sofort und auf der Stelle ab und wendet sich wichtigeren Dingen zu. Komme ich dann wieder mal bei ihr vorbei, liegt die Maus milchgetränkt oder hähnchenblutbeschmiert herum. Zwanzigmal haben wir sie bestimmt schon gewaschen.

Ende Mai kann ich alle drei aus dem Käfig nehmen und im Arbeitszimmer auf den Boden lassen, wo sie sich sofort in Bewegung setzen. Da in den nächsten Tagen der Umzug in die

Voliere ansteht, schaue ich mir jetzt an, wie sicher sie auf den Beinen sind und wie zielstrebig sie sich bewegen. Entkommen können sie mir noch nicht, weil ich sie jederzeit locker einhole – kein Problem, ihnen zu Fuß zu folgen. Manchmal nimmt einer Geschwindigkeit auf, aber noch geht die schnellere Gangart regelmäßig in die Hose – er macht zwei, drei zaghafte Hüpfer und liegt beim nächsten auf der Nase. Ihre Motorik lässt noch zu wünschen übrig.

Erwachsene Stein- oder Baummarder sind ja, was Motorik betrifft, faszinierende Wesen. Im Schritttempo bewegen sie sich am Boden wie jedes Tier, indem sie eine Pfote vor die andere setzen. Soll's schneller gehen, wird aus dem Laufen ein rasches Springen. Diese hüpfende Fortbewegungsweise sieht immer wie ein Ausbruch von Lebensfreude aus, als wäre dem Marder in seinem Glück nach Tanzen zumute, aber sie wird natürlich anatomische Gründe haben – mit einem lang gestreckten Rumpf und kurzen Beinen scheint man auf diese Art am besten vorwärtszukommen, wenn man's eilig hat. Warum der Marder diesen langen, dünnen Körper hat, ist klar – er kommt damit fast in jeden Gang oder Tunnel seines Beutetiers hinein. Ich habe festgestellt: Wo der Kopf durchpasst, passt der Rest auch durch. Was ich aber außerdem festgestellt habe: Ein Marder verschwendet keinen Gedanken darauf, wie er aus so einem Gang wieder rauskommt. Wenn es so weit ist, kann man sich ja immer noch den Kopf darüber zerbrechen …

Und wenn es ganz schnell gehen soll, zum Beispiel auf der Jagd, bekommt man als Beobachter ihre Bewegungen gar nicht mehr mit. Dann schießt ein Marder wie ein Pfeil auf sein Ziel zu, die anvisierte Maus zum Beispiel. Von der jagenden Lotta habe ich später Fotos mit Dauerauslöser gemacht – es werden dann Bilder in sehr schneller Folge geschossen –, und hinterher auf dem Display gesehen: Auf einem Bild ist sie drauf, da sieht man sie beim Zugriff auf eine Maus, aber auf allen folgenden fehlt sie, weil ihr Rückzug mit der Beute in rasender Geschwindigkeit geschah.

Wozu allerhand Übung gehört, ist das Aufrichten und Stehenbleiben, also das Männchenmachen. Lotta wird es erst im Herbst hinkriegen. Im Spiel richten sie sich schon früher auf, aber die Kunst besteht darin, die Spannung zu halten und stehen zu bleiben, genau das klappt aber lange Zeit nicht. Und die letzte Disziplin heißt Klettern.

Dazu wird später noch einiges zu sagen sein, anlässlich Lottas verzweifelter Versuche, ein Eichhörnchen zu erbeuten. Für den Augenblick nur so viel: Große Kletterer sind meine drei Marder zurzeit noch nicht. Trotzdem versuchen sie es, kaum dass sie laufen können. Noch aber hagelt es Misserfolge. Sie krallen sich mit ausgestreckten Pfoten in die herabhängende Bettdecke, recken sich, zappeln kurz und fallen zu Boden. Aber auch diesmal muss man nur ein paar Tage warten, und sie ziehen sich an einem der vier Beine meines Bettes tatsächlich hoch; ordentliche Krallen haben sie ja schon. Klettern gehört eben zu den Grundfertigkeiten – wenn sie erst mal die Wohnhöhle verlassen haben, müssen sie sich in der Natur auch schleunigst in Sicherheit bringen können.

Lotta hat seit zwei Wochen eine Angewohnheit, die ich bei Tieren noch nie beobachtet habe. Wenn ich sie aus dem Käfig nehme, springt sie mir auf den Schoß und schmiegt sich in meine Armbeuge, um dort zu schlafen. Den zwei anderen würde das nie einfallen. Solange sie draußen sind, ist action angesagt – schlafen kann man im Käfig.

Das Verrückteste ist die Position, die sie beim Schlafen einnimmt. Sie rollte sich nicht wie andere Marder zusammen, sie legt sich auf den Rücken wie ein Mensch, der sich nach einem anstrengenden Tag daheim aufs Sofa fallen lässt und erleichtert Arme und Beine von sich streckt. Dann schließt sie die Augen, streicht sich mit der bekannten Gebärde des Behagens noch ein paar Mal über den Kopf und sinkt in den Schlaf, ihren Bauch der Außenwelt zugekehrt. Das Ganze ist eine Sache von Sekunden. Lotta sucht sich also ihren Schlafplatz selbst. Sie entscheidet, wo und wie sie schlafen möchte, und fragt und bettelt nicht lang – was immer sie vorhat, wird augenblicklich und konsequent in die Tat umgesetzt. Von Anfang an hat sie klare Vorstellungen.

Irgendwann lege ich die schlafende Lotta behutsam in den Käfig. Zu viel menschliche Nähe wäre nicht gut. Sie soll bei ihren Artgenossen aufwachsen. Aber meine Sorge wird sich als unbegründet herausstellen. Es zeigt sich ja schon jetzt, dass sie sich mit den anderen beiden bestens versteht. Sie schläft bei ihnen, sie spielt mit ihnen, unter Mardern verhält sie sich wie jeder beliebige Marder. Erst wenn ich ins Spiel komme, schaltet sie um.

Als sie mir zum ersten Mal in die Armbeuge schlüpfte, war ich total überrascht; ich hatte keine Ahnung, was Lotta vorhatte. Und als es mir klar wurde, konnte ich nicht widerstehen. Was hätte ich tun sollen? Dieses abgrundtiefe Vertrauen zu mir rührt mich, ich schmelze dahin, und außerdem – wer die Initiative ergreift, ist Lotta. Anfangs musste ich sie ja noch massieren und füttern und kontrollieren – Lotta nutzte die Situation, um mich in Beschlag zu nehmen, und selbst später, als sie auf dem Bürofußboden herumliefen, ja, da musste das Büro natürlich erst mal erforscht und alles untersucht werden, da musste auch kurz mit den zwei anderen gespielt werden, aber nach ein paar Tagen kannte sie das Büro, drehte nur schnell ihre Runde, dachte sich: Aha,

Der Tag, an dem Lotta zu mir kommt.

Lotta als erwachsene Marderdame.

Typische Begrüßung im Wald. Wenn Lotta sicher ist, dass ich alleine bin, kommt sie stürmisch angerannt.

Nach der Begrüßung entstehen manchmal »Selfies« wie dieses. Danach geht sie wieder ihrer Wege.

Manchmal bleibt sie auch lange und legt sich sogar zu mir.
Hört sie ein störendes Geräusch, ist sie sofort weg.

Nicht selten bedient sich Lotta im Vogelhaus. Die Vögel und Eichhörnchen gewöhnten sich schnell daran und sitzen oft sogar im Vogelhaus daneben.

Lotta untersucht ihre Umgebung mit allen Sinnen.

Diesen Baummarder fotografierte ich, während Lotta neben mir schlief.

Weiße Kehle und helle Nase beim Steinmarder unterscheiden ihn vom Baummarder, der eine gelbe Kehle mit schwarzer Nase hat.

Wenn Lotta am Bauwagen ist, begrüßt sie mich sofort, sobald ich auftauche.

Bei Besuchen im Bauwagen geht sie stets vor die Tür, um ihr »Geschäft« zu verrichten.

Die erste Beute, bei der ich unmittelbar dabei bin: eine Rötelmaus.

Stolz präsentiert mir Lotta ihren Fang. Danach bringt sie die Rötelmaus in ein Versteck und verspeist sie lautstark.

Immer wieder staune ich über Lottas Kletterkünste. Als erwachsene Marderdame ist sie eine perfekte Jägerin.

Als sie noch jünger war, wirkten viele Bewegungen
noch plump, und nicht selten stürzte sie ab.

Genüssliche Fellpflege.
Vor der Jagd nimmt sie sich meist viel Zeit für sich.

Solche Momente sind an der Tagesordnung.
Es stört sie nicht, wenn ich bei der Jagd dabei bin.

Momente des puren Glücks. Als mir klar wird, dass Lotta die Scheu vor anderen Menschen behält, kann ich diese Zeit voll auskosten.

dasselbe Büro wie gestern …, und kam zu mir, zog sich an meinem Hosenbein hoch und war glücklich, auf meinem Arm zu landen.

Ich weiß nicht, was in ihrem Kopf vorgeht. Es muss etwas sehr Ungewöhnliches sein.

Friede mit Wald und Tier

Woid Woife
Hoamat

Die Bauwagen-Story

Mehrfach war schon die Rede von meinem Bauwagen im Wald. Tatsache ist: Die alten Bauwagenzeiten sind vorbei. Es gibt meinen Bauwagen nicht mehr, es gibt auch den ursprünglichen Standort nicht mehr. Dass ich immer noch von meinem Bauwagen rede, ist eine alte Gewohnheit – alles hat sich geändert, aber zum Besseren. Ich bin nämlich umgezogen, und wie es dazu kam, muss ich erzählen; auch weil sich die Geschichte von Lotta in Kürze auf den neuen Schauplatz verlagern wird.

Vor einem Jahr war es um die Ruhe in meinem kleinen Bauwagenreich geschehen. Jahrelang war es mir gelungen, den Flecken im Wald geheim zu halten, an dem mein Bauwagen stand, aber jetzt war er entdeckt worden und drohte zur Pilgerstätte zu werden. Der Bauwagen war damit für mich wertlos geworden – ich fühlte mich gestört, die Waldtiere fühlten sich gestört, und auch Jungtiere auszuwildern war unter diesen Umständen praktisch unmöglich.

Ich brauchte einen neuen Standort und rief meinen Freund Ludwig an. Ich wusste, dass er ein Stück Wald besaß, und spekulierte darauf, dass er mir ein paar Quadratmeter davon überlassen würde.

»Ja, Woife«, sagte er, »da kannst du schon hin. Aber der Platz wird dir nicht gefallen, die Straße ist zu nah …«

Ah, er will nicht. Dachte ich. Hatte mich aber getäuscht, denn im selben Atemzug unterbreitete er mir einen Vorschlag.

»Ich hab was viel Besseres für dich. Wie wär's mit einer Rechtlerwiese? Wir haben eine, die ist seit fünfundvierzig Jahren oder länger nicht mehr beweidet worden. Kommenden Sonntag zeig ich sie dir, wenn du magst.« Ich war natürlich sehr gespannt. Aber bevor ich weitererzähle, muss ich eine Erklärung einschieben, denn mit einer »Rechtlerwiese« wird außerhalb des Bayerischen Walds vermutlich niemand etwas anfangen können. Machen wir einen kurzen Abstecher in die Vergangenheit.

Früher ist es bei uns so gewesen: In dieser Gegend des Bayerischen Walds waren fast alle fürchterlich arm. Damit die Leute ein bisserl besser leben und ein paar Stück Vieh halten konnten, wurden alle Tiere, die nicht im Milchbetrieb waren, das heißt Stiere und Kälber, im Frühling zum sogenannten Blumbesuch auf die Schachten gebracht. Schachten heißen bei uns die Freiflächen oben im Arbergebiet, es sind gerodete Parzellen, von Bäumen befreit, damit das Vieh darauf weiden konnte. Die Tiere zogen vom Tal hinauf, verbrachten den Sommer unter der Aufsicht eines Stierhüters auf den Schachten an den Arberhängen, und im Herbst ging es wieder hinab ins Tal. Ein Onkel von mir ist noch offizieller Stierhüter gewesen. Er hat jeden Sommer mit seinem langen Stecken und seinem langen Bart dort oben gesessen und auf die Tiere aufgepasst.

Dieses alte Viehweiderecht hat sich bis auf den heutigen Tag bei uns erhalten. Der Rechtlerverein verwaltet diese Schachten, weshalb sie auch Rechtlerwiesen heißen. Mein Glück war es nun, dass Ludwig Mitglied des Rechtlervereins war und somit befugt, mir eine solche Wiese zu überlassen – natürlich nach Absprache mit seinen Vereinskameraden. Allerdings hätte mir eine Wiese oben am Arber nichts genutzt.

Es gibt aber auch tiefer gelegene Rechtlerwiesen. Sie wurden seinerzeit während des Abtriebs im Spätherbst von den Stierhütern als Zwischenstation benutzt. Die Männer mit den

Herden haben sich nämlich Zeit gelassen und sind von den Schachten in dreizehnhundert Metern Höhe zunächst nur bis auf neunhundert Meter hinuntergelaufen, um ihren Tieren Gelegenheit zu geben, sich auf den dortigen Schachten noch einmal vollzufressen, bevor's zurückging in die heimatlichen Ställe. Und eine solche Schachte oder Rechtlerwiese auf halber Höhe hatte Ludwig jetzt im Auge.

Nun, wir fuhren zusammen hin, und ich war sofort hellauf begeistert. Die ehemalige Weidefläche war zwar fast vollständig überwuchert, von Bäumen und Brombeergestrüpp, aber die Lage war ideal – mitten im Wald, von anderen Wäldern umgeben und von einem Bächlein durchflossen, für Wanderer unauffindbar. »Gefallt's dir?«, wollte Ludwig wissen.

»Ja, super.«

»Ich hätte noch vier oder fünf andere Wiesen …«

»Naa, Ludwig. Nicht nötig. Was verlangst du?«

Und er verlangte nichts. Da sieht man, wie die Richtigen zusammenhalten. Natürlich, die Brombeeren. Man konnte keinen Schritt machen, ohne hängen zu bleiben. Brombeerblätter sind zwar gut als Winteräsung für Rehe, und die Früchte als Sommerfutter für Marder und viele andere Tiere. Aber es waren einfach zu viele, der größte Teil würde verschwinden müssen. Die Konditionen wiederum waren fantastisch. Der Wald drumherum ist Privatforst, etwa 400 mal 400 Meter, und ich darf das komplette Waldstück nutzen. »Mach mal«, haben sie vom Rechtlerverein zu mir gesagt, »das ist unser Beitrag zu deiner Arbeit mit den Tieren, du kannst dort schalten und walten, wie du willst.« Ich war überglücklich.

Nur dass der alte Bauwagen den Umzug gar nicht überlebt hätte. Von Anfang an war's eine Quälerei. Einer wollte ihn mit seinem Traktor die Wiese hinauf zur Straße schleppen, aber er brachte ihn nicht von der Stelle. Er rief einen zweiten an, der einen dritten, und am Ende waren sie zu viert, mit vier verschiedenen Traktoren, aber alle waren in Verlegenheit, weil mein Bauwagen so marode war und gleich ein Reifen platzte, wobei das schwere Teil fast umgekippt wäre. Da mussten wir aus dem zweiten Reifen auch die Luft rauslassen, und als es schließlich doch gelang, ihn über die Wiese zur Straße hinaufzuziehen, drehten sich seine Räder nicht mehr. Lohnte sich überhaupt die Anstrengung, ihn durch den ganzen Ort zu »meiner« Rechtlerwiese zu schaffen?

Sie lohnte sich nicht, aber versucht haben wir's. Vergeblich. Auf einem Lkw-Anhänger hätte er nicht unter den Stromkabeln im Ortsgebiet durchgepasst. Auf einem Sattelschlepper wären die Stromkabel zwar nicht im Weg gewesen, aber drei Frontlader kapitulierten einer nach dem anderen bei dem Versuch, den schweren Bauwagen auf die Ladefläche zu heben. Was jetzt? Den Wagen stehen lassen und an Ort und Stelle komplett ausräumen? Er war bis unters Dach mit allen möglichen Möbelstücken und Utensilien vollgestopft, und wohin dann mit dem leeren Bauwagen? Da habe ich ihn mir noch mal angeschaut und realistisch betrachtet. Er stand jetzt nicht mehr im dunklen Wald, sondern im hellen Tageslicht, und da fiel mir auf: Eine Schönheit ist er nicht mehr. Mit einem Mal kam er mir wie eine verrottete, übel riechende Bude vor, innen alles kaputt, außen schrottreif, und mich überkam große Hoffnungslosigkeit. »Ich mag nicht mehr«, habe ich zu Sabine gesagt. »Die Bauwagenzeit ist vorbei. Ich schaff ihn noch weg, und dann gibt's halt keinen Bauwagen mehr.« Meine Frau glaubte, nicht richtig gehört zu haben. »Bist du verrückt?«, sagte sie. »Nie im Leben. Das hältst du nicht aus. Und wo willst du mit deinen Tieren hin?« »Ich hör damit auf. Die Tierwelt wird auch ohne mich überleben.« Ich war wirklich niedergeschlagen.

Aber den neuen Standort hatte ich doch schon! Und die Vorstellung, aufzugeben, war mir dann selbst nicht geheuer. Also schaute ich mich in den folgenden Wochen nach einem neuen Bauwagen um und durchforstete das Internet.

Offensichtlich hatte sich in der Zwischenzeit viel verändert. Wie es aussah, hatte ich einen Trend ins Leben gerufen, nämlich die Tiny-House-Mode. Seinerzeit, als ich mir den Bauwagen zulegte, hatten die Leute an meinem Verstand gezweifelt, mittlerweile aber schienen sich alle um Kleinstbehausungen zu reißen; jedenfalls hatten sich die Preise für Bauwagen vervierfacht. Ich suchte und suchte und stieß endlich – unter Bauwagen! – auf einen gewöhnlichen Camping-Wohnwagen.

Der Preis war moderat, also setzte ich mich ins Auto, fuhr an die österreichische Grenze und suchte seinen Besitzer auf. Es war ein älteres Modell und wie alle diese Wohnanhänger weiß, etwas geräumiger als mein Bauwagen und die dünnen Wände immerhin gut isoliert. »800 Euro?« »1200!« Wir einigten uns auf 1000, und das war immer noch günstiger als jeder Bauwagen.

Jemand holte ihn mir später nach Bodenmais, und damit fing die Arbeit an. Der neue Stellplatz im Wald war leicht abschüssig, er musste in eine ebene Fläche verwandelt werden, allein hätte ich mindestens zehn Tage geschaufelt, aber dann ist ein Bekannter einmal mit seinem Frontlader drübergefahren, und der Stellplatz war eben. Ein anderer hat meinen Wohnwagen anschließend mit dem Traktor in den Wald gezogen – auch das hätte ich nie allein geschafft –, und als wir fertig waren, habe ich's mir als Erstes auf dem eingebauten Sofa bequem gemacht, die Tür offen stehen lassen und rausgeschaut. Alles um mich herum war Wald und Stille, und da wusste ich: Hier gehörst du hin. Hier bist du ungestört. Hier wird es keine ungebetenen Gäste geben, hier verkehren nur Waldbewohner. Alles ist gut.

Meine nächste Aktion war, ein Vogelhäuschen aufzuhängen und eine Tüte Sonnenblumenkerne darin auszuleeren, damit die Vögel wussten: Neuerdings wohnt er hier! Aber noch gab's jede Menge zu tun. Der Wohnwagen, ehemals auf Campingplätzen zu Hause, musste sich nun dem Wald anpassen, denn noch war er weiß, noch war er ein Fremdkörper in der Natur, also besorgte ich dunkelbraune Farbe und fing an, zu streichen, als ich den ersten Bettelruf einer Tannenmeise hörte.

Ich ließ den Pinsel sinken und schaute mich um – da saß eine Tannenmeise auf einem Ast, interessierte sich für die Sonnenblumenkerne, flatterte ins Vogelhaus und pickte. Am folgenden Tag waren es zehn Vögel, am übernächsten dreißig, und innerhalb einer Woche war mein Vogelhäuschen genauso gut besucht wie in alten Zeiten. Am vorherigen Standort hatte es zwei Jahre gedauert, bis richtig viel los war, aber diesmal musste es wie ein Lauffeuer durch den Wald gegangen sein: Der Woife ist umgezogen! Der ist nicht mehr da unten, da braucht ihr erst gar nicht hinzufliegen ... Dann tauchten die ersten Eichhörnchen auf, und keine vier Wochen später war alles wie immer.

Aber mein alter Bauwagen stand weiterhin oben an der Straße, kein erfreulicher Anblick, aber voller Einrichtungsgegenstände, die ich noch brauchen konnte. Ich fuhr hin und fing an auszuräumen. Die kleine Couch, der Holzofen, die ausgestopften Tiere, die Fotografien, alles wurde zum Abtransport auf die Straße gestellt – soweit es noch zu retten war, muss man sagen, denn vieles war im Lauf der Zeit von Mäusen zerrupft oder bepinkelt worden, sodass der Anblick bei Tageslicht vor allem Schrecken verbreitete, vom Geruch ganz zu schweigen. Aus meiner alten Lederhose, die von der Decke gehangen hatte, fielen komplette Mäusenester heraus.

Ich habe rigoros ausgemistet und war froh, meinen neuen

Wohnwagen richtig verschließen zu können. Der alte Bauwagen hatte aus lauter Lücken und Ritzen bestanden, wo Mäuse ein und ausgegangen waren, aber im Wohnwagen durfte ich sicher sein, dass sich keine Maus Zutritt verschaffen würde. Was noch brauchbar war, wurde mithilfe eines Freundes und dessen Anhänger zum neuen Standort gefahren, der traurige Rest verblieb zunächst am Straßenrand, und als ich anderntags zurückkam, hatte sich das Gerümpel um zwei mir unbekannte Stühle vermehrt. Am übernächsten Tag hatten auch diese Stühle Gesellschaft bekommen, und mir wurde klar: Jetzt muss es schnell gehen, sonst vertraut dir halb Bodenmais seinen Sperrmüll an. Oder sollte ich vielleicht ins Entsorgungsgeschäft einsteigen?

Als alles weggeschafft war, kam ein Freund auf mich zu und wollte wissen: »Woife, was hast du jetzt mit deinem Bauwagen vor?«

»Entsorgen. Was sonst?«

Und er: »Ich würde ihn auf meinen Hof stellen …«

»Es ist aber viel kaputt dran.«

»Meinetwegen. Das stört mich nicht.«

Woraufhin er den Bauwagen auf den Felgen mit seinem Traktor bis zu seinem Hof schleppte. Das Poltern und Scheppern war von Weitem zu hören gewesen, aber er hat sein Vorhaben unbeirrt durchgezogen, und ich war das gute Stück endlich los.

Jetzt gab es noch ein letztes Problem: Der Wohnwagen hatte ein flaches Dach, das den Winter nicht überleben würde. Achtzig Zentimeter Schnee würden meinem Wohnwagen den Garaus machen, also besorgte ich mir im Sägewerk lange Pfosten, Balken und Bretter, schleppte alles auf eigenen Schultern von der Straße zu meiner Rechtlerwiese, richtete alles selbst auf, montierte alles selbst zusammen und hatte am Ende ein stabiles, leicht abfallendes Dach, das auf ebenso stabilen Pfosten ruhte. Der Vorteil ist natürlich, dass meine Konstruktion jetzt den Wohnwagen schützt, aber ihr Nutzen ist noch größer, denn zwischen Wohnwagendach und Bretterdach befindet sich ein Hohlraum, in dem sich, wie ich von früher weiß, Marder ausgesprochen wohl fühlen.

Ich wollte alles selbst machen, und ich hatte alles selbst gemacht. Ich war so froh, ich war so voller Begeisterung, und zum Schluss warf ich ein großes Stück Teichfolie über mein Dach. Teichfolie ist absolut wasserdicht, sie erschien mir deshalb als eine billige und praktische Lösung und ersparte mir obendrein das Annageln von Dachpappe, nur hatte ich, wie man noch sehen wird, die Rechnung diesmal ohne meine Marder gemacht …

Heute könnte ich mir keinen schöneren Ort auf der Welt vorstellen. Der Brombeerdschungel wurde etwas reduziert, und eine kleine Lichtung ist entstanden, das romantische Überbleibsel einer ehemaligen Stierweide. Vor dem Wohnwagen habe ich Blumen gepflanzt, die sich gut in die Wildnis umher einfügen. Ich habe auch einen niedrigen Lattenzaun aufgestellt, gerade hoch genug, dass er Wildschweine davon abhält, meine Beete zu durchwühlen. Auf der anderen Seite beginnt gleich der Wald, auch die ersten Geröllhaufen sind fast zum Greifen nah, ideal für Marder. Auf einem Fleckchen Wiese vor der Stirnseite des Wohnwagens steht ein Tisch mit zwei Bänken, die trotz der hohen Bäume zeitweilig Sonne abbekommen, und hinten, auf der anderen Seite, befindet sich der Auswilderungskäfig, die fast mannshohe Voliere. Gleich daneben gibt's ein Bänkchen, ein einfaches Brett, wo ich, eingehüllt in die Duftwolke der Voliere, stundenlang sitzen und in den Wald hineinschauen kann. Kurz gesagt: Dieser Ort lässt nichts zu wünschen übrig. Mit meinem neuen Wohnwagen bin ich besser dran als je zuvor.

Wenn ich nach alter Gewohnheit weiterhin von »meinem Bauwagen« spreche, geschieht es auch deshalb, weil der Wohnwagen gar nicht mehr als solcher zu erkennen ist. Die Verkleidung ist perfekt, die Tarnung auch, und was sein Inneres angeht – mit Couch und Tisch, Regalen, Fächern und Ofen geht es dort genauso eng und gemütlich wie im alten Bauwagen zu, auch die bunte Gesellschaft der ausgestopften Tiere ist wieder eingezogen. Zu diesen stummen Mitbewohnern möchte ich noch etwas sagen.

Ich besorge mir solche Präparate nicht selbst. Ich kaufe sie nicht, ich schieße sie auch nicht selbst. Sie alle stammen aus Nachlässen, und ohne mich würden sie auf dem Müll landen. Erst kürzlich hat mir eine Frau dreißig ausgestopfte Tiere überlassen. Ihr Opa hatte seine Sammlung geliebt, aber er war gestorben, und seine Erben wollten diese Staubfänger loswerden, also habe ich sie genommen. Bei der Dekoration meines Wohnwagens konnte ich folglich aus dem Vollen schöpfen. Gelegentlich begleitet mich eins dieser Tiere zu den Kindern im Kindergarten. Daran zeige ich ihnen, wie so ein Mauswiesel, so ein Habicht im Leben ausgesehen hat.

Das Problem war nur, sie im Wohnwagen zu befestigen. Die Holzverkleidung der Wände ist millimeterdünn, und dahinter kommt als Dämmung Styropor – wie soll da ein Nagel halten? Schrauben eignen sich eher, aber auch damit kann man Überraschungen erleben. Für ein Hirschgeweih brauchte ich eine große Schraube; ich drehte sie mit dem Akkuschrauber rein, das Geweih ließ sich auch wunderbar dran aufhängen, aber als ich mir die Sache hinterher von außen besah, stellte ich fest: Jetzt kannst du an der Außenwand noch ein zweites Geweih anbringen.

Aber – warum eigentlich nicht?

Juni

Die drei Bewohner meines Meerschweinchenkäfigs sind jetzt neun Wochen alt. In dieser kurzen Zeit sind aus hilflosen Winzlingen schon ziemlich lebenstüchtige Marder geworden. Sie können gut laufen. Ihre Verdauung funktioniert selbstständig. Sie nehmen Fleisch zu sich. Gute Kletterer sind sie noch nicht, aber das wird bald kommen. In diesem Alter nimmt eine Mardermutter ihre Jungen schon mit auf erste Erkundungstouren in die nähere Umgebung.

Ich kann nun daran denken, meine Babystation im Büro aufzulösen – und atme auf. Marderbäuche massieren, mich mit Urin bespritzen lassen, Kot mit Klopapier auffangen, vollgesogenes Klopapier eimerchenweise im Klo entsorgen, damit es in der Wohnung nicht unerträglich stinkt, das ganze mehrmals am Tag und ein- bis zweimal die Nacht – ich gestehe, es fehlt mir nicht. Im Grunde hätte ich mir zwischendurch fünfzehnmal die Hände waschen müssen. Ich hab's einmal am Ende jeder Prozedur gemacht.

Der Auswilderungskäfig am Bauwagen muss hergerichtet werden. Er ragt an der Rückwand auf, anderthalb Meter hoch, und durch das Gitter von Tür und Seitenwänden geht der Blick übergangslos in den Wald. Ich habe Etagen eingezogen, Bretter über die halbe Breite dieser Voliere, auf denen sich meine Marder rauf und runter bewegen können, um sich im Klettern zu üben und ihre Muskulatur zu stärken. Ende des Monats werden sie mühelos von einer Etage zur anderen springen, sechzig Zentimeter hoch aus dem Stand, aber anfangs werden sie sich etwas umständlicher am Gitter hinaufhangeln. Vorläufig helfe ich mit Holzstäben nach, die sie als Leitern von einer Etage zur anderen benutzen können.

In früheren Jahren habe ich die Schlafstellen für Marder im oberen Teil angelegt, in der Annahme, dass sie grundsätzlich gern auf Dachböden schlafen. Ich habe mich aber eines Besseren belehren lassen müssen. Schon einige Vorgänger von Lotta haben zum Schlafen gern Geröllhaufen aufgesucht oder sich ihre Höhlen in Haufen von Ästen und Totholz eingerichtet – Lotta selbst wird auch zu dieser Fraktion gehören. Seither richte ich die Schlafstellen deshalb sowohl oben unterm Dach als auch unten auf dem Volierenboden ein.

Aber als Erstes wird die Voliere gründlich gereinigt. Alte Decken wandern in die Wäsche oder in die Mülltonne. Ich könnte ihre Schlafstellen natürlich mit Stroh auspolstern, aber dann würden sie sich den Spaß machen, alles bis auf den letzten Halm runterzuschmeißen. Selbst die Decken muss ich festtackern, sonst liegen sie zwei Tage später am Boden. Das ist bei Mardern so: Nichts bleibt an dem Ort, wo es nach menschlicher Auffassung hingehört. Sogar die Futterschüsseln nagele ich fest, weil man sicher sein darf: Egal ob leer oder voll, Marder werden auch eine Schüssel nicht an dem Platz belassen, an den ich sie gestellt habe. Wenn Marder einziehen, muss in der Voliere alles niet- und nagelfest sein.

Ein Eichhörnchen würde niemals auf die Idee kommen, eine Schüssel könnte woanders hingehören. Bei denen ist das Problem, dass sie überall hinkacken. Marder wiederum sind in dieser Hinsicht extrem penibel. Hat man sechs Marder in einem Käfig, erleichtern sich alle sechs an derselben Stelle. Sie einigen sich auf eine Klo-Ecke, möglichst im abgelegensten Winkel, und der Rest ihrer Behausung wird sauber gehalten.

Am liebsten wäre ihnen eine separate Toilette außerhalb des Käfigs, sozusagen ein Klohäuschen im Garten. Selbst als meine Marder später das Bauwagendach für sich entdecken, erledigen sie ihre Geschäfte immer an ein und derselben Stelle. Chaoten sind sie schon, aber keine Ferkel.

Gut. Die Voliere ist marderfest. Es kann losgehen.

Mir ist wichtig, dass Annemaries Marder und meine gleichzeitig einziehen. Hätten meine drei den Käfig eine Woche lang für sich allein, könnten sie auf die Idee kommen, er gehöre ihnen. Das darf nicht passieren.

Ich rufe Annemarie an. Sie hat mich sowieso die ganze Zeit auf dem Laufenden gehalten, hat mir auch Bilder von ihren Dreien geschickt, aber man weiß nie – möglich, dass ihre noch nicht so weit sind. Aber das Glück ist auf unserer Seite; gerade jetzt möchte sie ihre Marder an mich übergeben, ihr Termin fällt mit meinem Umzugstermin zusammen.

Dieser Samstag ist also Lottas letzter Tag in unserem Büro. Was wird sich zwischen uns ändern? In wenigen Stunden wird sie fünf Kollegen haben und einen Käfig bewohnen, in dem es nach Wald und Freiheit riecht. In wenigen Wochen wird sie sich draußen nach Lust und Laune bewegen. Es wäre normal und absolut mardertypisch, wenn sie die Verbindung zu mir dann allmählich lockern und in vier, fünf Monaten ganz abreißen lassen würde. Dafür ziehe ich sie schließlich groß. Andererseits …

Andererseits bin ich überzeugt, dass ich auf Überraschungen gefasst sein muss. So wie ich Lotta kennengelernt habe, ist sie ein durch und durch origineller Typ. Bisher war sie immer die Neugierigste, immer die Wagemutigste, immer die Erste – es sei denn, sie war müde. Dann hätte die Welt untergehen können – Lotta hätte weitergeschlafen. Alles kostete sie aus, nach dem Motto: Wenn schon, dann auch richtig. Und sobald sich etwas in ihrer kleinen Welt tat, sobald sich eine Veränderung ankündigte, wollte sie auf dem Laufenden sein und kam an und schaute zu oder inspizierte den Schauplatz nachträglich. Nichts war ihr fremd, nichts unheimlich, aber alles interessierte sie. Die anderen beiden waren zaghafter und gleichgültiger.

Vor allem aber: Sie setzte ihren Willen kompromisslos durch. Wenn sie spielen wollte, gab es für mich kein Entrinnen. Sie akzeptierte keine Weigerung, sie fing einfach an. Man kann also nicht einmal sagen, dass sie an meinem Leben teilgenommen hätte – in Wirklichkeit war es umgekehrt: Ich habe in den letzten Monaten an ihrem Leben teilgenommen, ob ich wollte oder nicht. Aber ich wollte …

Vielleicht ist es nur ein Wunsch, eine Hoffnung, aber ich kann mir nicht vorstellen, dass sich ihr Charakter draußen so schnell ändern wird. Wir werden sehen.

Ich lasse meinen drei Mardern den Vortritt, verfrachte sie in eine Katzen-Transportbox und fahre sie zur Voliere. Die Transportbox wäre für zehn kleine Marder groß genug, aber Stress bedeutet der heutige Tag für sie dennoch – sie kommen zum ersten Mal vor die Tür, sie kommen zum ersten Mal in einen Wald, wer wäre da nicht aufgeregt. Und kaum habe ich sie in die Voliere gesetzt, kaum habe ich die Tür hinter ihnen verschlossen, wird alles beschnuppert und untersucht – Marder sind wahnsinnig neugierig. Sie fangen gleich zu klettern an, sie erobern sich in Windeseile ihr neues Zuhause, sie gucken sich in allen Winkeln um, und noch finden sie ihre neue Welt ganz okay, weil sie mich draußen stehen sehen.

Nach einer Weile aber kommen die ersten quiekenden Schreie – und so ein kleiner Marder quiekt laut, wenn er nach seiner Mutter ruft. Als ich mich dann zurückziehe und Anstalten mache, fortzugehen, bricht ein herzzerreißendes Spektakel los. Jeder schreit nach Leibeskräften, denn plötzlich fällt ihnen auf: fremde Umgebung, Bäume, Sonnenlicht, Vogelstimmen, frische Luft – alles anders als im Büro, und jetzt auch noch die Mama verschwunden … Ein Schock.

Aber ich muss zu Annemarie und fahre nach Regensburg. Sie hat einen regelrechten Tierschutzhof mit Pferden, Hühnern, manchmal Füchsen, hauptsächlich aber Rehen. Annemarie streift sich einen festen Handschuh über und holt ihre drei Marder aus dem Haus – sie seien bissig, erklärt sie mir. Ja, das kenne ich. Dazu kann es schnell kommen, wenn man beim Füttern nicht völlige Ruhe bewahrt. Die unterschwellige Nervosität aus Angst, gebissen zu werden, überträgt sich auf das Tier, beide Parteien sind verspannt, und dann besteht tatsächlich die Gefahr, dass eines mal zuschnappt. Bei Rehen strahlt Annemarie die nötige Ruhe aus, aber vor Mardern hat sie vielleicht zu großen Respekt.

Wie dem auch sei, ich mache mir deswegen keine Gedanken und nehme jetzt mit drei Mardern, die mir noch nicht vertraut sind, in der Transportbox Kurs auf Bodenmais. Als ich am Wohnwagen ankomme, herrscht in der Voliere einhellige Begeisterung; Lotta guckt allerdings, als wäre sie in Alcatraz eingesperrt. Dass ich ihnen drei neue Artgenossen in den Käfig setze, stört sie in keiner Weise. In diesem Alter sind sie noch völlig arglos. Ich könnte ihnen auch ein Eichhörnchen reinsetzen, sie würden es stumm zur Kenntnis nehmen und kommentarlos zur Tagesordnung übergehen. Ihre Welt zerfällt einstweilen noch nicht in Beutetiere und Beutegreifer, jeder ist willkommen, und die drei Neulinge werden nur kurz beschnuppert, schon sind sie integriert; es ist, als würde man sich ewig kennen. Marder, heißt es, seien Einzelgänger.

Ja, das stimmt, aber dazu werden sie frühestens in vier Monaten. Der Umstand, dass die drei Neulinge ebenfalls Mädchen sind, dürfte es allen Beteiligten noch leichter machen

Ich nehme mir einen Stuhl, stelle ihn in drei Metern Abstand zur Voliere zwischen Farnkraut in den Wald und behalte sie von dort aus im Auge. Im Käfig entwickelt sich alles harmonisch. Von Lotta abgesehen, kann ich die sechs schon nicht mehr auseinanderhalten. Lotta allerdings erkenne ich sofort. Schon optisch unterscheidet sie sich durch die drei braunen Flecken in ihrem weißen Kehllatz, außerdem verhält sie sich auch anders, und akustisch …

Als ich nach zwei Stunden aufstehe, meinen Stuhl nehme und gehe, brechen meine drei Marder in jämmerliches Geschrei aus. Annemaries Marder bleiben dagegen stumm. Für sie bin ich ein Fremder, und höchstwahrscheinlich sind sie noch vom Wechsel ihrer Lebensumstände irritiert, aber meine drei protestieren vehement, und am lautesten schreit Lotta. Sie schreit den ganzen Wald zusammen, ihre Stimme geht mir durch Mark und Bein. Du lieber Himmel, was geht mir dieses Tier nahe.

Was soll ich tun? Bleiben? Aber ihretwegen kann ich nicht in den Bauwagen umziehen. Auch ihre Mutter würde zwischendurch auf die Jagd müssen, aber der Abschied fällt mir unter diesen Umständen furchtbar schwer. Die ersten Tage kehre ich noch zwei-, dreimal um, laufe zurück, stelle mich vor die Voliere und rede auf sie ein – und muss mich dann wahnsinnig zusammenreißen, um endlich doch zu gehen. Und in den Nächten finde ich keinen Schlaf. Aber das kenne ich, das ist fast immer so. Wenn Tiere, die ich großgezogen habe, ihre ersten Nächte draußen in der Voliere verbringen, schläft keiner gut, weder sie noch ich. Für uns alle ist es eine neue, ungewohnte Situation.

Dabei sind sie in der Voliere vor Sperber, Habicht und Co. sicher. Der Käfig dient ja nicht dazu, die Tiere einzusperren, er ist lediglich ein Schutz vor den Gefahren, die um sie herum lauern. Freigelassen werden sie, sobald sie sich wehren können, aber Marder in diesem Alter könnten von vielen Tieren getötet werden. Meine sechs Jungtiere sind ja noch völlig unreif. Sie besitzen keinerlei Gefahrenbewusstsein, und deswegen gibt es an der Voliere nicht nur ein Drahtgeflecht – ich verhänge sie über Nacht auch zusätzlich mit einer Eisenmatte, damit kein wildes Tier in die Versuchung kommt, das Drahtgeflecht aufzureißen.

Aus dem gleichen Grund habe ich den niedrigen Zaun um den inneren Bezirk meines Waldstücks aufgestellt. Natürlich soll er Wildschweine daran hindern, mir das Grundstück zu zerwühlen, aber er hält eben auch ungebetene Besucher von der Voliere fern. Nicht, dass es einem Wildschwein einfällt, die Voliere einzudrücken, wozu es durchaus in der Lage wäre … Junge Marder würde es jedenfalls nicht verschmähen, denn Wildschweine sind Allesfresser.

Ein erwachsener Marder ist für ein Wildschwein übrigens vollkommen uninteressant. Das beweist mir Monate später eine nächtliche Szene, die von meiner Kontrollkamera am Bauwagen festgehalten wird – ich bin ganz begeistert von diesen Aufnahmen. Da stehen sich auf dem ersten Bild ein Wildschwein und ein Marder im Abstand von drei Metern wie erstarrt gegenüber und fixieren einander (bei dem Marder kann es sich nur um Lotta handeln), und auf dem nächsten Bild, zwei Sekunden später aufgenommen, ist zu sehen, dass beide, Wildschwein wie Marder, ihren Weg friedlich in die einmal eingeschlagene Richtung fortsetzen. Die beiden wollen einander ganz offenkundig nichts. Sie stutzen, jeder nimmt den anderen kurz zur Kenntnis, und im nächsten Moment gehen beide unbeeindruckt ihrer Wege. Leben und leben lassen. Wer glaubt, in freier Wildbahn herrsche Hauen und Stechen, der irrt.

Er irrt zumindest, was die Tiere untereinander angeht. Aber was ist mit Menschen, mit dem Jäger zum Beispiel? Zu meiner großen Erleichterung ist der neue Standort auch in dieser Hinsicht ein Glücksfall. In meinem Waldstück gibt es keine Jagd, ich kenne nämlich den Jäger und habe mit ihm gesprochen. Oben bei mir darf er sowieso nicht schießen, er hat sein Revier weiter unten, aber mir wäre natürlich lieb, wenn auch in den angrenzenden Wäldern nicht geschossen würde. Wir haben also abgemacht, dass er sich im weiteren Umkreis des Bauwagens ganz raushält; jetzt hoffe ich, dass er sein Versprechen auch hält. Außerdem sind die Förster im Staatsforst informiert und die Gemeinde Bodenmais auch – ich wollte einfach alle wissen lassen, dass ich in meinem Waldstück Tiere großziehe, auch solche, die sie womöglich nicht mögen. In diesem Punkt ist also für klare Verhältnisse gesorgt.

Der neue Standort hat aber noch einen weiteren Vorteil. Meine Marder haben dort zwar den Wald vor der Käfigtür, aber sehr weit sind die nächsten Siedlungshäuser nicht entfernt. Das ist gut, weil sich Steinmarder nicht selten dafür entscheiden, in Häusern zu leben. Sie sind ja nicht an Wälder gebunden. Ein Baummarder braucht den Wald, aber Steinmarder sind Kulturfolger, für die der Dachboden eines Zweifamilienhauses als Wohnhöhle genauso infrage kommt wie ein Steinhaufen oder eine Felsspalte. Wenn es in der Fachliteratur allerdings heißt: »Er meidet dichte Wälder …«, kann ich das nicht bestätigen. Ich hatte schon Steinmarder, die sich in dichten Wäldern ausgesprochen wohl fühlten und im gleichen Habitat wie der Baummarder jagten.

Insofern habe ich wirklich allen Grund, für den neuen Standort dankbar zu sein. Eigentlich könnte ich ruhig schlafen.

Und jetzt zu Hysteria. Es ist nämlich so: Annemarie hatte ihren Mardern Namen gegeben, aber die waren gleich vergessen, fünf Minuten später erinnerte ich mich nicht mehr an sie. Für mich herrschen in der Voliere jedenfalls dieselben Verhältnisse wie früher im Meerschweinchenkäfig – es gibt Lotta, und es gibt ihre anonymen Artgenossen, nur dass es mittlerweile fünf an der Zahl sind.

Im Übrigen ist mein Umgang mit ihnen distanzierter als bisher. Die Zeit ist gekommen, den Körperkontakt zu ihnen abzubrechen, wir befinden uns ja in der ersten Phase der Auswilderung, aber nach ein paar Tagen nehme ich alle noch einmal in die Hand, um zu prüfen, ob sie gesund sind. Keiner wehrt sich, keiner beißt, mit Ausnahme eines Tiers. Diese Marderdame ist mir bisher nicht aufgefallen, doch jetzt, als ich sie anfasse, kreischt sie hysterisch auf, als ging es ihr an den Kragen. Sie scheint panische Angst zu haben.

Was sich in den kommenden Wochen und Monaten bestätigen wird. Sie ist in allem das totale Gegenteil von Lotta – nicht nur schüchtern, sondern gehemmt, verängstigt und bei allem die Letzte. Dies traut sie sich nicht zu, jenes traut sie sich nicht zu, und wenn ich mich schneller als üblich auf die Voliere zubewege, schreit sie entsetzt auf. Sie liebt keine Überraschungen. Lotta braucht sich nur nach ihr umzuwenden, schon steht sie kurz vor einem Herzinfarkt. Auch alle anderen finden sie komisch und werfen ihr gelegentlich einen Blick zu, als würden sie fragen: Was ist denn mit dir los?

Das Verrückteste an dieser Sache aber: Lotta und unsere Drama Queen werden noch die dicksten Freundinnen werden.

Mit ihren alten Meerschweinchenkäfig-Genossinnen versteht sich Lotta zwar, entwickelt aber keine besondere Sympathie für sie – und ausgerechnet Hysteria schließt sie in ihr Herz …

Hysteria, so heißt dieses verschreckte Wesen von nun an nämlich. Als Gegenstück von Lotta und ihre Busenfreundin kann sie nicht ohne Namen bleiben, und Hysteria erscheint mir passend.

Selbstverständlich werden Lotta und die anderen weiterhin von mir gefüttert. Ihr Jagdinstinkt schläft nach wie vor tief und fest, obwohl … Würde ich ihnen eine lebende Maus in die Voliere werfen – ich bin mir nicht sicher, ob sie es gut bei ihnen hätte. Jedenfalls sehe ich sie ganze Hühnerherzen mit Appetit und Vergnügen verzehren, richtig zubeißen können sie also, und jetzt greife ich meinen Vorrat an tiefgefrorenen Eintagsküken und Mäusen an. Ich kaufe sie in Zehn- oder Zwanzig-Kilo-Packungen bei einem Versandhaus, Ratten ebenfalls, und brauche jetzt nur ans Gefrierfach in meinem Kühlschrank zu gehen.

Anfangs serviere ich sie ihnen häppchenweise, inklusive Fell und Knochen; kulinarisch nähern wir uns damit ihren künftigen Beutetieren an. Küken und Mäuse finden sie auch lecker, aber auf den Ratten bleibe ich sitzen. Selbst wenn ich eine Ratte klein geschnitten unter das Mäusefleisch mische, bleibt die Ratte übrig; sie schmeckt ihnen einfach nicht, und überlisten lassen sie sich auch nicht – eher lässt sich ein Whiskey-Kenner bei einer Blindverkostung in die Irre führen. Mäuse und Küken aber gehen weg wie nichts; bei drei Stück pro Marder sind es achtzehn am Tag.

Ich will aber noch etwas zu den Eintagsküken sagen. Viele sind dagegen, männliche Küken nach dem Schlüpfen zu töten, auch ich. Aber für junge Marder sind sie leider das ideale Futter, und nicht allein für Marder. Würden Eintagsküken nicht mehr getötet, könnten Greifvogelparks und andere Tierparks schließen, denn auch dort ernähren sich die Tiere überwiegend von Eintagsküken. Es ist einfach eine Kostenfrage: Küken sind deutlich günstiger als Mäuse, weil sie ein Nebenprodukt sind und nicht aufgezogen werden müssen. Ja, wenn man Beutegreifer mit Tofuwürstchen großziehen könnte … Im Übrigen: Auch tiefgefrorene Mäuse waren mal quicklebendig. Und meinen Mardern ist es sowieso egal – sie sind Jäger, sie sind Beutegreifer, sie fragen nicht lang – wie jedes Geschöpf auf dieser Erde fressen sie, um zu leben.

Die Umstellung von der Büroatmosphäre auf ein natürliches Ambiente dauert etwa drei Wochen, und so lange bleibt die Käfigtür geschlossen. Meine Marder müssen sich in dieser Phase an vieles erst gewöhnen, an den Wechsel von Tag und Nacht, an den Wind, an Kälte und Feuchtigkeit, an den Fuchs, der im Dunkeln am Bauwagen vorbeistreicht, an die Gerüche anderer Tiere und die Geräusche der Nacht, das Schreien der Käuze und Uhus zum Beispiel. Dieser Lernprozess soll in einem geschützten Raum stattfinden. Eine Mardermutter wäre in dieser Zeit bei ihnen und würde auf sie aufpassen, aber ich kann nicht rund um die Uhr in ihrer Nähe sein.

Und dann ihre Motorik. Bevor ich ihnen die Tür öffne und Zugang zum Wald verschaffe, müssen sie sich auch in der Senkrechten sicher bewegen können. Anfangs klettern sie über das Käfiggitter hoch und rutschen womöglich ab, aber nach zweimal runterfallen schaffen sie es bis ganz oben, und auf einmal sehe ich einen, der im Käfig seine Runden dreht, als säße er in einem wild rotierenden Riesenrad – in einem Affentempo geht er auf der einen Seite hoch und auf der anderen wieder runter, und für die ganze Nummer braucht er höchstens drei Sekunden. Nach ein paar Wochen in der Voliere sind aber auch alle anderen meisterhafte Kletterer.

Ende Juni kommt der große Tag, und er verläuft zunächst vollkommen unspektakulär. Zum ersten Mal bleibt die Volierentür tagsüber geöffnet, aber keiner scheint den Ruf der Freiheit zu vernehmen, keiner reagiert. Selbst wenn ich die Tür sperrangelweit offen stehen lasse, traut sich keiner heraus – nicht einmal Lotta fällt es ein, den sicheren Bau zu verlassen. Zwar registrieren alle durchaus interessiert, dass der Weg jetzt frei wäre, aber die unendliche Weite des Waldes finden sie eher unheimlich als verlockend.

Ohne ihre Mutter läuft gar nichts, so ist es nach wie vor. Deshalb setze ich mich später am Tag zwei Meter von der Voliere entfernt auf den Waldboden und locke sie aus ihrem Bau. Entschließt sich jetzt wenigstens Lotta zu einem beherzten Satz in die Freiheit? Keineswegs. Aber sie ist die Erste. Sie setzt eine Pfote auf die Käfigkante, schaut mich an und überlegt. Und schnuppert. Und springt tatsächlich raus, berührt mit den Pfoten zum ersten Mal den Boden, kann es kaum glauben, kann es kaum fassen, und springt gleich wieder zurück ins Nest. Wiederholt das Spiel. Macht beim dritten Versuch schon die ersten beherzten Hüpfer auf dem Waldboden, bevor es doch wieder zurück in den Käfig geht. Und schlägt im vierten Anlauf alle Bedenken in den Wind, kommt raus, macht drei lange Sprünge auf mich zu – und ist bei mir. Und während ich eine stolze Lotta streichele, wagt der nächste Marder den Sprung, der übernächste, und plötzlich sind alle draußen, auch Hysteria. Alle wuseln um mich herum, weil ich der Einzige bin, der ihnen in dieser neuen Welt voll dunkel geahnter Gefahren Schutz bieten kann. Von Abenteuerlust ist im Moment also noch nichts zu spüren. Die wird sich später erst einstellen.

Eine Mardermutter würde ihrem Nachwuchs jetzt die nähere Umgebung zeigen. Tatsächlich beobachte ich im Wald aus der Ferne immer häufiger erwachsene Marder in Begleitung ihrer Jungen, die brav ihrer Mama folgen. Im Unterschied zu mir haben Mardermütter aber selten mehr als drei Junge, von denen sie manchmal alle, bisweilen aber auch nur ein einziges auf diesen Rundgang mitnehmen. Die ersten Expeditionen finden jedenfalls grundsätzlich unter Leitung der Mama statt, und so verfahre ich mit meiner Meute von sechs Mardermädchen nun auch. Das klappt wunderbar, und für die nächsten Wochen, bis tief in den Juli hinein, gehört der Waldspaziergang zu unseren täglichen Ritualen.

Marder kapieren schnell. Am zweiten Tag verlassen sie die Voliere schon relativ zügig, und am dritten ist unser Spaziergang für sie schon das Normalste der Welt. Er erfolgt immer am späten Abend, weil meine Marder um diese Zeit am muntersten und zu kleinen Abenteuern aufgelegt sind. Ich gehe dann los, und sie folgen mir, heften sich an meine Fersen, suchen instinktiv Deckung, halten sich im Schatten von Farn und Buschwerk, erlauben sich zwischendurch auch kleine, eigenmächtige Abstecher, tauchen aber immer gleich wieder neben mir auf – davonlaufen kommt nicht in Betracht.

Eine interessante Entdeckung ist, dass Lotta von den anderen als Anführerin akzeptiert wird. Geht sie nach rechts, laufen ihr die übrigen fünf nach, schlägt sie eine andere Richtung ein, machen sie auch diese Bewegung mit. Dabei ist Lotta weder die Größte noch die Stärkste, aber mit ihrem enormen Selbstbewusstsein scheint sie den anderen Vertrauen einzuflößen. Es liegt also auch an ihr, dass wir zum Schluss gemeinsam am Bauwagen eintreffen; dann öffne ich die Käfigtür, und ohne, dass ich sie scheuchen müsste, ziehen sie wieder in ihre Voliere ein – noch geht ihnen nichts über ein sicheres Zuhause. Dann füttere ich sie, und anschließend gehen sie schlafen. Die Volierentür bleibt vorläufig bis zum nächsten Morgen verschlossen.

Anfangs entfernen wir uns nur wenige Meter vom Bauwagen, und der Spaziergang dauert keine fünf Minuten. Ich darf sie nicht überfordern, aber allmählich werden sie mutiger und unsere Ausflüge länger, und Mitte, Ende Juli macht es ihnen richtig Spaß. Im Schatten von Sträuchern und Farnen springen sie ausgelassen hierhin und dorthin, über Wurzeln und Geröllhaufen, fallen übereinander her, wälzen sich am Boden und tollen herum und wissen vor Lebensfreude nicht wohin mit ihrer Energie, bleiben aber trotzdem in meiner Nähe. Man kann förmlich dabei zusehen, wie ihr Selbstvertrauen wächst. Aber klar, solange ihre Mutter dabei ist, erscheint ihnen die Welt noch rosarot; später wird sich das ändern.

Bei Weitem die Selbstständigste von allen ist Lotta. Auf einem Video, das ich Ende Juni aufnehme, ist sie bereits allein im Wald unterwegs zu sehen. In einem Alter also, in dem sich gewöhnliche kleine Marder noch nach dem Schutz der Mutter sehnen und nur in ihrer Begleitung ausgehen würden.

Dabei ist Lotta noch immer völlig harmlos. Sie ignoriert Beutetiere, sie nimmt sie gar nicht zur Kenntnis. Nach wie vor verspürt sie keinen Impuls, Essbarem hinterherzulaufen. Auf einem weiteren Video sieht man Lotta auf meiner Schulter sitzen, während ein Schmetterling von meiner rechten Hand aufflattert – Lotta würdigt ihn keines Blickes. Sie wird mit ihren Gedanken bei den Küken und Mäusen sein, die ich meinen Mardern neuerdings unzerteilt serviere. Dass man sich sein Futter selbst beschaffen könnte, kommt ihr noch nicht in den Sinn.

Juli

Um den 10. Juli herum passiert es: Wir kommen von unserem gewohnten Steinmarder-Betriebsausflug durch den Wald zum Bauwagen zurück, und der Erste weigert sich, den Käfig zu betreten. Am nächsten Tag sind es schon drei, die die Voliere nicht mehr attraktiv finden. Ich habe es mir auf dem Boden vor der Voliere bequem gemacht, im Käfig steht das Futter bereit, meine Freiheitshelden würden auch gern fressen, aber unterm Bauwagen finden sie es mit einem Mal schöner. Dann weiß ich: Bei denen ist die Freiheitsliebe stärker als der Hunger. Die können sich ein Leben ohne Voliere vorstellen. Jetzt ist es also so weit. Und da sie mittlerweile flink und wehrhaft genug sind, nehme ich mir vor: Wenn du heute nach Hause gehst, lässt du die Voliere einen Spaltbreit geöffnet.

Und so geschieht es. Ich klemme einen Stock ein, damit die Käfigtür nicht zufallen kann. Sicherheitshalber ziehe ich zusätzlich einen Expander von oben bis unten über die Tür, damit sie in ihrer Stellung bleibt und größere Tiere am Eindringen gehindert werden. Und von nun an genießen meine Marder zwar weiterhin die Sicherheit einer Wohnhöhle, können aber genauso gut ihrem Freiheitsdrang nachgeben und, falls ihnen danach sein sollte, die Nacht über draußen herumlaufen, auf eigene Faust und eigenes Risiko. Für sie ist das ein großer und gewagter Schritt, für mich allerdings auch.

In den folgenden Nächten finde ich wieder mal keinen Schlaf. Ich frage mich, was jetzt, in diesen Stunden, dort in der Dunkelheit passiert. Wahrscheinlich mache ich mir mehr

Sorgen als meine Marder, denn wenn ich anderntags zum Bauwagen zurückkomme, finde ich sie in der Voliere selig schlafend vor, und zwar vollzählig.

In aller Regel ist es dann so: Ich treffe frühmorgens oder in der Abenddämmerung am Bauwagen ein, ziehe den Expander ab, werfe einen prüfenden Blick auf die Gesellschaft da drinnen, und fünf Marder schlafen, fünf Marder heben höchstens kurz den Kopf, nur einer ist sofort hellwach, nur einer leckt gleich meine Hand ab und springt auf, kaum dass ich meine Hand zurückziehe – Lotta. Die anderen fünf schlafen weiter, sie aber ist sofort aktiv, springt an mir hoch, nimmt mich in Beschlag und will spielen – an Füttern ist dann vorläufig nicht zu denken. Ganz offensichtlich ist Lotta entschlossen, die alten Gewohnheiten aus glücklichen Tagen beizubehalten.

Und wenige Tage später geschieht das Unglaubliche: Lotta springt morgens aus der Voliere, schlüpft unter den Bauwagen, kommt unterhalb der Eingangstür wieder zum Vorschein – und hüpft munter die zwei Stufen hoch ins Wageninnere. Sie betritt, ohne zu zögern, mit größter Selbstverständlichkeit den Raum, in dem ich zu Hause bin, und nimmt ihn genauso in Beschlag, wie sie mich von Anfang an in Beschlag genommen hat.

Ich bin völlig überrascht. Das hat noch nie ein Marder getan. Und geradezu sprachlos macht mich diese Selbstverständlichkeit – dass sie auf der Schwelle noch nicht einmal gestutzt hat. Vor ihr tut sich eine unbekannte, menschliche Behausung auf, und Lotta fremdelt keine Sekunde lang, reagiert nicht irritiert, schaut sich nicht als Erstes prüfend um, sondern marschiert einfach rein, als wäre sie überall da zu Hause, wo auch ich zu Hause bin.

Aber staunen tut sie doch. So sieht es für mich zumindest aus. Jedenfalls untersucht sie jetzt alles, schnuppert, stöbert – ist ja alles neu, folglich aufregend –, macht sich gründlich mit der fremden Umgebung bekannt, nimmt auch die ausgestopften Tiere interessiert zur Kenntnis und entdeckt natürlich auch den Wildschweinkopf, für den sie später ihre ganz eigene Verwendung finden wird. Wenig später wird mir bewusst, dass sie diesen Raum mit anderen Augen sieht als ich. Sie hält nach Möglichkeiten Ausschau, die nur einem Marder auffallen, weil der nämlich andere Ziele als unsereins verfolgt, und als ich vom Füttern zurückkomme, ist Lotta nirgends zu sehen.

Sie muss im Bauwagen sein. Eben war sie noch da, jetzt ist sie weg. Ich suche alles ab, ich rufe sie, ich nehme die Taschenlampe und schaue unters Sofa, leuchte Lücken und Spalten aus, aber Lotta bleibt verschwunden. Nun ist es ja bekanntlich so: Wenn sie schläft, dann schläft sie. Dann schläft sie tief und fest, wobei sie einen leise gurgelnden Laut von sich gibt, der wie ein wohliges Schnurren klingt. Und dieses Geräusch ist plötzlich zu hören. Es scheint aus dem Sofa zu kommen. Unter dem Sofaboden befinden sich Schubladen, eine davon ziehe ich auf, und da liegt sie tatsächlich zusammengerollt zwischen Kerzen und anderem Kram. Offenbar kommt man als Marder irgendwie da rein, wenn man es von hinten versucht, jedenfalls schaut sie jetzt auf und blickt mich ungnädig an – wie kann mich bloß jemand beim Schlafen stören? Gut. Habe verstanden. Mein Mardermädchen hat seine neue Rolle gefunden. Es hat sich in den Kobold des Bauwagens verwandelt, und wie ich Lotta kenne, wird sie sich in dieser Rolle bis auf Weiteres sauwohl fühlen.

Einstweilen lasse ich sie dort liegen. Aber nachdem ich

draußen alles verrichtet habe, nehme ich sie und setze sie vor dem Bauwagen ab, bevor ich zusperre und mich auf den Heimweg mache.

Das ist der einzige schreckliche Moment des Tages, denn nach wie vor macht Lotta aus meinem Abgang ein Drama. Dass ich sie verlasse, empfindet sie immer noch als Katastrophe. Sie folgt mir. Sie lässt den Zaun hinter sich und läuft mir seitlich durchs Buschwerk nach und schreit dabei wie verrückt; diese schnelle Folge spitzer, jammernder Schreie muss noch auf der Straße zu hören sein. Ich habe Angst, dass sie mir bis zum Auto folgt, scheuche sie zurück, rede auf sie ein, wende mich dann um und will meinen Weg fortsetzen, aber da geht das Spiel von vorn los. Lotta ist nicht zu beruhigen, sie will mich nicht ziehen lassen – was tun?

Zum Glück wird ihr die Sache nach fünfzig Metern zu heiß. Sie macht blitzartig kehrt und schießt wie ein Pfeil zurück Richtung Bauwagen. Allerdings nur, um sich dort einen höher gelegenen Standort zu suchen und mir nachzuschauen. So wird es monatelang gehen – Lotta liegt auf dem Bauwagendach und blickt mir nach wie ein Hund, der seinem Herrchen nachtrauert. Manchmal mache ich kehrt, nachdem ich im Gebüsch verschwunden bin, gehe unauffällig ein paar Schritte zurück, beobachte sie heimlich und stelle fest: Sie hat mich längst aus den Augen verloren, sitzt aber immer noch da und starrt trübselig in meine Richtung. Minutenlang.

Lotta ist wirklich anders. Sie war es vom ersten Tag an, sie ist es auch jetzt noch, während sich die anderen fünf mittlerweile ein Leben ohne mich schon vorstellen könnten, wären sie nicht nach wie vor auf meine Küken und Mäuse angewiesen. Ich provoziere ihr Verhalten ja nicht. Eher nimmt Lotta mir meine Freiheit übel, als dass ich ihr ihre Freiheit verübeln würde. Und so sehr ich ihre Nähe genieße, so bang frage ich mich, wie es mit Lotta weitergehen soll. Wird sie ihr Leben in freier Wildbahn auf die Reihe kriegen, wenn ich demnächst aufhören werde zu füttern? Oder wird sie mich womöglich auch beim Jagen dabeihaben wollen?

Schon seltsam, dass ich sie an der Stimme erkenne. Aber, nun ja, sie redet ja mit mir. Natürlich kenne ich die Lautäußerungen von Mardern seit Langem, nie allerdings hat sich ein Marder so häufig direkt an mich gewandt.

Zumindest erkenne ich Lotta immer dann, wenn sie schreit. Die anderen beiden aus dem Meerschweinchenkäfig haben nach ihrem Umzug in die Voliere auch dann und wann geschrien, aber Lotta schreit doppelt so laut. Und das hört nicht auf, sie schreit dreißigmal hintereinander, es ist herzzerreißend. Ich versuche ja, meine Besuche kurz zu halten. Morgens lasse ich mich am Bauwagen sehen, abends auch noch mal, aber mindestens zwanzig Stunden am Tag sind meine Marder unter sich, damit sie sich ans Alleinsein gewöhnen. Wahrscheinlich fällt Lotta das Alleinsein auch gar nicht schwer, nur – wenn ich dann auftauche, freut sie sich wie verrückt, und wenn ich gehe, scheint für sie eine Welt zusammenzubrechen.

Wenn Marderjunge so schreien, rufen sie nach der Mutter. Mit zunehmender Selbstständigkeit wird das aufhören. Ich hoffe, Lotta weiß das. Und dann, als zweite Lautäußerung, muckern sie. So nenne ich es jedenfalls. Es sind in schneller Folge hervorgestoßene, stumpfe Laute mit Aufforderungscharakter – los jetzt, heißt das, ran an den Speck, auf geht's, jetzt wird gespielt … Lotta begrüßt mich auf diese Weise oder überfällt mich zwischendurch damit, wenn sie genug geschlafen hat.

Dann dieses gurrende Schnurren, wenn einen Marder das Behagen überkommt. Als Mensch kann man es nicht nachmachen. So laut und inbrünstig wie bei Lotta habe ich diese Lautäußerung aber noch nie vernommen. Sie lässt ihr Schnurren hören, wenn ich sie streichele, aber zum Beispiel auch dann, wenn sie mit anderen zusammenliegt. Ob sie sich dann gegenseitig in den Schlaf schnurren?

Und schließlich der vierte Laut, den ich als Keckern bezeichne. Sie stoßen ihn aus, wenn etwas sie in Aufregung versetzt. In der Regel ist er eine Freudenbekundung, seltener Ausdruck von Schreck oder Verärgerung. Lotta keckert bei der Begrüßung und während des Spielens. In unsere Sprache übersetzt bedeutet das Keckern meistens so viel wie: »Mann, das gefällt mir jetzt aber …«

Gegen Ende Juli gewinne ich mehr und mehr den Eindruck, dass meine Befürchtungen gegenstandslos sind und damit überflüssig. Wenn hier einer lebenstüchtig ist, dann ist es Lotta. Sie ist ein stürmischer Charakter, aber nicht nur dann, wenn's ans Spielen geht, wenn ihrer Meinung nach Schmusen angesagt ist, sondern genauso draußen im Wald. Auf einem unserer letzten Spaziergänge des Monats unternimmt sie schon erste, ungeschickte Jagdversuche – und erklettert mühelos einen Vogelbeerbaum. Die arglose Lotta scheint in diesen Tagen zur Jägerin zu mutieren.

Gleichzeitig jedoch ist sie verspielt wie eh und je. Sie liebt es, mir zur Begrüßung Gesicht, Ohren und Nase abzulecken, vor allem aber den Mund. Marder tun das auch untereinander, bei ihnen sieht es wie ein Zungenkuss aus. Sie lecken einander die Lefzen, fahren dem anderen aber auch mit der Zunge in den Mund. Als Beweis größter Zuneigung gilt, am Ohr des anderen zu knabbern oder ihn hinterm Ohr zu lecken.

Ihr Lieblingsspielzeug aber ist meine Hand. Temperamentvoll, wie sie ist, setzt sie dabei ihre Krallen und Zähne ein, was wiederum mardertypisch ist. Wenn Marder miteinander spielen, dann wild. Sie schreien dabei, sie beißen einander, sie beharken sich mit den Pfoten, nur – Marder haben ein Fell, ich nicht. Das vergisst Lotta oft genug im Eifer des Gefechts. Marder verfügen über das Werkzeug, eine menschliche Hand übel zuzurichten, und bisweilen ist es sehr schmerzhaft, wenn Lotta zubeißt oder nach mir schlägt. Meine Hände sind monatelang schwer gezeichnet, mit Kratzern übersät, auch den Abdruck ihrer Zähne sieht man noch eine ganze Weile später, aber von regelrechten Verletzungen kann dann doch nicht die Rede sein – Marderbisswunden sehen anders aus.

Sobald sie aber ans Gesicht kommt, ist es mit ihrer Heftigkeit vorbei. Auch meine Nase betrachtet sie als Spielzeug, aber wo immer sie sich jetzt zu schaffen macht, an meinen Ohren, den Augenlidern, der Nase, es geschieht geradezu zärtlich. Warum spielt sie mit meiner Hand ungestümer als mit meinem Gesicht? Sie wird meine Nase auch in den kommenden Monaten noch genauso behutsam ins Maul nehmen, wie sie es als Baby gemacht hat, ansonsten aber: totaler Körpereinsatz.

Ich komme ins Grübeln. Haben wir hier nicht den nächsten Beweis dafür, dass sie keinen Unterschied zwischen mir und einem Marder macht? Obwohl ich kein Mardergesicht habe, obwohl Augen, Nase, Mund und Ohren eines menschlichen Gesichts kaum Ähnlichkeit mit dem haben, was ein Marder an Augen, Mund, Nase und Ohren besitzt, überträgt sie ihre Kenntnis eines Marderkopfs auf meinen. Sie weiß auch bei mir, was ein Mund ist, und stört sich nicht daran, dass meine Nase, meine Ohren deutlich anders aussehen, als sie es von ihresgleichen gewohnt ist. Beim Schmusen behandelt sie mich so, wie sie es bei ihrer Mutter machen würde, und beim Spielen verhält sie sich nicht anders, als hätte sie es mit Geschwistern zu tun. Vielleicht bin ich für Lotta kein Marder, aber ein Mensch bin ich in ihren Augen auch nicht. Doch was immer ich sein mag – sie hat mich kurzerhand in die Familie der Steinmarder aufgenommen und sieht großzügig über alles hinweg, was an mir nicht nach Steinmarder aussieht. So etwas habe ich noch nie erlebt.

Das bedeutet auch: Ich kann unbesorgt sein. Lotta steht nicht in der Gefahr, als verwöhnter Schmusemarder zu enden, der für den Wald verloren ist, weil er im wirklichen Marderleben nicht zurechtkommt. Sie spielt selbst dann nach ihren Regeln, wenn sie den Schmusemarder bei mir im Bauwagen gibt. Wo sie sich übrigens inzwischen vollkommen heimisch fühlt. Sie geht dort ein und aus, wie es ihr gefällt. Es kommt vor, dass ich draußen herumhantiere und gar nicht mitbekommen habe, dass sie in der Nähe ist, und plötzlich merke ich: Sie schaut mir durchs Bauwagenfenster beim Arbeiten zu. Ich bin draußen, und sie sitzt drinnen, als wäre sie bei mir eingezogen … Für Lotta ist es normal. Für mich nicht ganz so.

Ein Wort noch zu Lottas Krallen. Marder gehören zur Gattung der Kaniden, der Hundeartigen, und die können ihre Krallen generell nicht einziehen. Dachs, Fuchs, Marder oder Haushund – es ist egal, was alle Katzenartigen können, können Hundeartige nicht. Anhand dieses Merkmals lassen sich Trittspuren leicht identifizieren, zumindest grob einordnen: War es eine Katze, war es ein Luchs oder war es ein Wolf? Form und Anzahl der Ballen ist etwas für Spezialisten, aber für jeden normalen Menschen sind die Krallenabdrücke von Wolf oder Marder leicht zu erkennen.

Lotta hat im Lauf der Zeit allerdings sehr wohl gelernt, ihre ausgefahrenen Waffen zu kontrollieren. Irgendwann wusste sie, wie fest sie beim Spielen zupacken darf, ohne mich zu zerkratzen. In meinen Augen spricht das dafür, dass sich bei Tieren wie Steinmardern in unterschiedlichsten Zusammenhängen oder Lebenslagen so etwas wie ein Gewissen regt. Als Jungtier war ihr noch nicht bewusst, was sie mit ihren nadelspitzen Krallen anzurichten vermag. Mit der Zeit aber muss es ihr gedämmert haben, und seither geht sie vorsichtiger, behutsamer damit um. Wenn jemand mit Absicht vermeidet, was einem anderen schaden könnte – setzt das nicht das Vorhandensein einer Art Gewissen voraus?

August

Meine Marderkolonie wird sich irgendwann auflösen. Ich rechne damit, dass die Ersten Ende September das Weite suchen und nicht mehr zum Bauwagen zurückkehren werden. In knapp zwei Monaten.

Jetzt, im August, unternehmen alle bereits auf eigene Faust längere Abstecher in den Wald. Sie bewegen sich frei, tauchen nur noch gelegentlich auf, schlafen aber nach wie vor gern in der Voliere. Halte ich mich am Bauwagen auf, raschelt es mal hier, mal da, und plötzlich zeigen sich wieder zwei, aber in der Regel ist es mittlerweile so: Wenn ich komme, ziehen sich die anderen zurück, während Lotta auf mich gewartet hat und angestürmt kommt. Dann darf ich sicher sein, dass Hysteria in der Nähe ist.

Ja, tatsächlich. Lotta – im Kreis meiner Marder zuständig für Unvorhergesehenes und Unvorhersehbares –, hat sich mit Hysteria verbündet. Oder Hysteria mit Lotta. Die eine Verrückte hat sich jedenfalls mit der anderen Verrückten zusammengetan. Dabei lassen sich größere Gegensätze nicht denken. Lotta kann nichts erschüttern, Lotta traut sich alles zu, und Hysteria ist nach wie vor über die Maßen ängstlich und bricht beim kleinsten Anlass in Panik aus.

Die beiden sind unzertrennlich. Hysteria klebt an Lottas Fersen, trippelt und hüpft hinter ihr her und taucht grundsätzlich im Gefolge ihrer Freundin auf. Gemeinsam gehen die beiden auf Entdeckungs- und Abenteuerfahrt, wobei Lotta ihr gelegentlich Beine macht, wenn Hysteria mal wieder überfordert ist. Es sieht so aus, als wolle Hysteria von Lotta lernen. Sie scheint ihre starke Persönlichkeit zu bewundern und ihr Vorbild zu brauchen. Alle Fotos, die ich von den beiden mache, beweisen: Lotta läuft vorweg, und Hysteria folgt in einem gewissen Abstand, zögerlich, unsicher, immer in ihrem Kielwasser. Allein und auf sich gestellt, würde sie wohl keine Pfote in den Wald setzen. Und Lotta ist sich ihrer Verantwortung bewusst. Sie nimmt sich der ungleichen Freundin an, bringt unendliche Geduld auf, fragt sich, warum sie zurückbleibt, schaut nach und ermutigt sie, wenn sie nicht aus der Deckung herauskommen will. Überflüssig zu sagen, dass Lotta die Einzige von allen ist, die ein Herz für Hysteria hat.

An der linken Seite des Bauwagens, auf halber Höhe, habe ich eine Vogeltränke angebracht. Lotta kriegt das mit und inspiziert die Neuerung umgehend. Sie ist auch die Erste, die daraus trinkt. Nachdem Lotta sie eingeweiht hat, wird die Vogeltränke offiziell der Vogelwelt übergeben.

Oder hat Lotta mir mit ihrer Aktion dezent beibringen wollen, dass die Tränke auf der linken Seite fehl am Platz ist? Am nächsten Tag stelle ich selbst fest, dass sie auf die rechte Seite gehört. Könnte es sein, dass Lotta mich in meinen Entscheidungen gelegentlich beeinflusst? Später betrachten übrigens alle Marder die Vogeltränke als Mardertränke.

Solange Marder bei mir sind, geht sowieso einiges durcheinander. Ich füttere ja Vögel, ich habe Eichhörnchen, bei mir sind alle herzlich willkommen, aber ich kann die Gesetze der Natur nicht außer Kraft setzen – wo sich Marder aufhalten, kann es für andere Tiere ungemütlich werden. Was soll ich machen? Für mich gibt es ohnehin kein Gut und Böse, und weder kann noch will ich verhindern, dass meine Marder auf meinem Grundstück jagen. Wobei Lotta den Anfang macht.

Am 18. August sitze ich auf der Bank am Tisch vor dem Bauwagen und genieße das Sonnenlicht und die Waldluft. Plötzlich höre ich in nächster Nähe lautes Quieken. Was sehe ich? Einen Meter neben mir hat Lotta ihre erste Maus gefangen, eine Rötelmaus. Allerdings geht sie noch ziemlich stümperhaft vor. Die Maus hat den ersten Biss überlebt, liegt jetzt auf der Seite und zappelt, versucht sich zu wehren, und Lotta schreckt kurz zurück – ist sie ihrerseits gebissen worden? Jedenfalls lässt sie sich von der Maus im ersten Moment einschüchtern. Aber die ist so schwer verletzt, dass sie nicht fliehen kann, und Lotta hat Zeit, ihr Werk zu vollenden. Ungeübt im Töten, wie sie ist, muss sie noch zwei-, dreimal zubeißen, aber dann läuft sie mit der leblosen Maus zwischen den Zähnen Richtung Wald, um sie ungestört im nächsten Steinhaufen zu verzehren. »Keke!«, rufe ich, und tatsächlich hält Lotta kurz inne, blickt sich nach mir um und keckert – »Wo ist deine Kamera?«, dürfte das heißen, »diesen Augenblick darfst du nicht verpassen!« Sie präsentiert die Maus, ich mache das Foto, gleich darauf verschwindet sie in dem Geröllhaufen, und dann höre ich nur noch lautes Schmatzen.

Die ganze Aktion hat ungefähr zehn Sekunden gedauert. Für einen Marder hat sie sich also ungewöhnlich viel Zeit gelassen. Aber gut, es war ihre erste Maus. Die erste jedenfalls, von der ich weiß. Ihre Jagd ist noch nicht präzise, aber das wird sich schnell ändern. Auf alle Fälle bin ich hinterher genauso stolz wie sie; ich fühle mich wie ein Vater, dessen Sohn gerade seine erste große Bewährungsprobe bestanden hat.

Ich bleibe auf meiner Bank sitzen, schaue mir das soeben geschossene Foto an und überlege: Mitte August, und Lotta jagt schon. Obwohl ich immer noch regelmäßig füttere. Und sie jagt, wenn ich dabei bin! Es stört sie nicht. Womöglich soll ich sogar dabei sein? Und dann – viele glauben: Wenn ein Marderjunges keine Mutter hat, wird es niemals das Jagen lernen. Aber Tatsache ist, dass ich einem jungen Steinmarder noch nie zeigen musste, dass eine Maus nahrhaft und wohlschmeckend ist. Wie alle anderen weiß auch Lotta von Anfang an, was genießbar ist und was ihr schmeckt; von mir weiß sie's ganz bestimmt nicht. Also Auswilderung gelungen?

Eindeutig ja. Seit gut anderthalb Monaten atmet Lotta die Luft der Freiheit. So oft ihr der Sinn danach steht, verschwindet sie im Wald. Sie macht früher Beute als alle anderen. Doch seltsamerweise kommt sie immer wieder zu mir zurück. Seltsamerweise sucht sie meine Nähe und betrachtet den Wohnwagen genauso als ihr angestammtes Revier wie den Wald. Dabei geht sie zu Menschen konsequent auf Distanz, und wenn mich Sabine mal zum Bauwagen begleitet, was selten vorkommt, zieht sich Lotta zurück und lässt sich dann stundenlang nicht blicken. Im Gegensatz zu mir ist Sabine für sie ein Mensch, und vor Menschen ist sie auf der Hut. Mit anderen Worten: Ihre Auswilderung darf als geglückt gelten – trotzdem bricht sie ihre Beziehung zu mir nicht ab. Lotta tanzt auf zwei Hochzeiten, und auf beiden mit Bravour.

Na ja, einen Anfängerfehler macht sie. Den machen alle. Sie kann noch nicht einschätzen, wann sich die Jagd überhaupt lohnt. Ich werde aber nicht lange zu warten brauchen, und sie weiß es genau – es geht ja alles wahnsinnig schnell; junge Marder brauchen Tage, allenfalls Wochen, schon haben sie's drauf. Noch im Juli hat sie auf Beutetiere überhaupt nicht reagiert und Singvögeln bloß versonnen nachgeguckt. Einmal schaute sie aus dem Bauwagenfenster, und zwei Meter weiter saß ein Eichhörnchen im Vogelhaus. Lotta zeigte sich völlig unbeeindruckt, und das Eichhörnchen schätzte die Lage absolut korrekt ein – es zuckte beim Anblick des Marders kurz zusammen und beruhigte sich sofort wieder, blieb seelenruhig im Vogelhaus sitzen und knabberte weiter an seinen Nüssen.

Und neuerdings dreht sie beim Anblick von Beutetieren regelrecht durch. Gleichgültig, was sich irgendwo bewegt, Lotta rast los und stürzt hinterher. Schon ein Eichhörnchen, das einhundert Meter entfernt im Baum sitzt, bringt sie auf Trab. Egal, wie aussichtslos, Lotta nimmt die Verfolgung auf und jagt auch dann noch weiter, wenn das Eichhörnchen längst über alle Berge ist. Sie überlässt sich ihrem gerade erwachten Jagdtrieb mit Begeisterung, und es stört sie in keiner Weise, dass sie sich sinnlos verausgabt. Zurzeit ist sie ganz Jagdfieber, ganz Bewegungsdrang, ganz Draufgängertum – Beutetier? Das schnapp ich mir! Ihre potenziellen Opfer wissen natürlich, dass sie von diesem ungestümen Jungmarder nichts zu befürchten haben. Die Vögel scheinen sich einen regelrechten Spaß daraus zu machen, im letzten Moment einfach auf den nächsten Baum zu fliegen. Aber Kräfte schonen? Lotta ist in der Pubertät, das kommt für sie gar nicht infrage.

Entsprechend rüpelhaft führt sie sich im Bauwagen auf. Nur dann, wenn sie in der Schublade unterm Sofa schläft, sind meine ausgestopften Tiere vor ihr vorübergehend sicher. Ansonsten … Lotta kann mittlerweile ausgezeichnet klettern, sie turnt auf den Präparaten herum, ob sie nun an der Wand oder von der Decke hängen, und zerrupft alles, was keinen Widerstand leistet. Nicht, dass sie diese starren, stummen Viecher für Beutetiere halten würde. Aber ein ausgestopfter Bussard, ein ausgestopfter Waldkauz in gut erhaltenem Zustand entspricht nicht dem Schönheitsideal eines Steinmarders. Da müssen Korrekturen und Verschönerungsmaßnahmen vorgenommen werden, und einen akzeptablen Eindruck macht ein Waldkauz auf Lotta erst mit verdrehten Flügeln und herunterhängendem Kopf.

Ein Freund hatte mir ein ausgestopftes Fuchspärchen geschenkt – Lotta lässt von den beiden nur kümmerliche Reste übrig. Ich schaue ihr ja nicht ständig zu, ich habe draußen zu tun, lasse dann die Bauwagentür offen, und Lotta kann beliebig raus- und reinspazieren. In meiner Abwesenheit zeigt sie den Füchsen, wer Chef im Bauwagen ist. Dem einen reißt sie ein Ohr ab, dem anderen ein Bein, dann zieht sie ihnen die Watte raus, und am Ende sehen die zwei gespenstisch aus – mit anderen Worten: Ein Marder kann einen Fuchs in zehn Minuten komplett umgestalten, vorausgesetzt, er ist ausgestopft. Die Füchse muss ich in Gänze entsorgen, dazu diverse Kleintiere wie Eichhörnchen sowie einen Sperber, dem plötzlich der Kopf fehlt, und eine Waldschnepfe, die ebenfalls das Pech hatte, enthauptet zu werden. Irgendwann werde ich in irgendeiner Ecke auf einen Sperber- und einen Waldschnepfenkopf stoßen.

Also, wenn Lotta nicht gerade in der Schublade schläft, setzt sie im Bauwagen ihre Vorstellung von Wohnlichkeit und Ordnung durch. Dann stöbert sie zum Beispiel eine Kiste mit fünfzig Meisenknödeln auf, reduziert ihre Zahl auf dreißig, und wenn ich reinkomme, kugelt der Rest über den Boden. Was sie mir unter keinen Umständen durchgehen lassen kann: dass ich einen Gegenstand, den sie runtergeschmissen hat, an seinen Platz zurücksetze. Sie weiß genau, wo dieses Teil lag, und bei ihrer Rückkehr wirft sie es genau dort wieder hin –

wenn's auf dem Boden liegt, ist es in Ordnung. Kurz und gut: Erst wenn alles richtig kaputt und chaotisch ist, nämlich genau so, wie man es als Mensch nicht haben möchte, findet Lotta, dass sie gute Arbeit geleistet hat.

Und dann wiederum genießt sie es, auf dem Rücken in meinem Schoß liegend gestreichelt zu werden, während sie mit ihrem eigenen Schwanz spielt. Sie ist beinahe in Trance vor Behagen. Hätte diese Szene eine Überschrift, wäre da zu lesen: Es ist eine Lust, ein Steinmarder zu sein. Ja, Lotta schöpft bei der Lebensfreude aus dem Vollen.

Erfahrene Marder töten sehr präzise, indem sie sofort an den Hals gehen. Auf zahlreichen Fotos sieht man Lotta mit größeren Beutetieren, und immer fasst sie sie beim Hals. So geht Lotta von Anfang an vor. Das Wissen, wie man schnell und effizient tötet, hat sie mit auf die Welt gebracht, und mittlerweile besitzt sie auch die Übung. Einmal holt sie eine Amsel vom Baum, während ich dabeistehe. Die Amsel sitzt auf einem Ast, Lotta schleicht sich auf der Rückseite des Stammes an, sehr vorsichtig, ganz langsam, und schlägt dann mit größter Präzision zu, mit einem einzigen Sprung. Die Amsel dürfte gar nicht bemerkt haben, dass sie tot ist. Sie hat nicht geflattert, sie hat überhaupt nichts mehr gemacht. Und am Hals trägt Lotta den Vogel auch den Baum hinunter.

Jetzt geht es also richtig los; bald kann ich mit dem Füttern aufhören. Jedes Tier, das sie fängt, schleppt Lotta umgehend zu irgendeinem Geröllhaufen, um es ungestört zu verspeisen. Das heißt, sie sichert ihre Beute; allerdings – sollte ich zufällig dabei sein, präsentiert sie mir vorher ihren Fang. Das ist der Stolz des Jägers, der ein Erinnerungsfoto haben möchte, und diesen Stolz bewahrt sie sich für lange Zeit. Man sieht:

Sie genießt förmlich ihren Erfolg. Sie ist mit ihrer Leistung hochzufrieden. Am liebsten würde ich ihr anerkennend auf die Schulter klopfen.

Einmal erlaubt sie mir, den ganzen Vorgang zu filmen. Vier Meter vor mir spielt sie mit dem erlegten Vogel am Boden und fängt dann an, ihn vor meinen Augen zu rupfen, sozusagen für die Kamera. Es macht ihr nicht das Geringste aus, dass ich zusehe, bis sie dann doch in einem Steinhaufen verschwinden – die Mahlzeit möchte sie privat einnehmen.

Die anderen Marder jagen jetzt auch; ich kriege es bloß nicht mit. Ob Hysteria schon jagt? Keine Ahnung. Lotta wird ihr nichts abgeben, in diesem Punkt ist sie stur aufs eigene Wohlbefinden bedacht. Beute teilen? Nie und nimmer. Wobei Beute nicht zwangsläufig Beutetier heißt. Gerade jetzt, im August, verströmt Marderlosung oft ein süßliches Schwarzbrotaroma. Das lässt auf Heidelbeerkost schließen – eine Mäusemahlzeit ist da jedenfalls nicht ausgeschieden worden, verdaute Maus würde stinken. Kirsche und Brombeere sind bei Mardern im Spätsommer ebenfalls beliebt, und manchmal lässt sich noch der schwarz-bläuliche Chitinpanzer eines Käfers in ihrer Losung erkennen. Schon die Losung belehrt einen also darüber, wie ausgewogen Marder sich ernähren.

Was bleibt eigentlich von einer Maus übrig, nachdem sie durch Lottas Verdauungsapparat gewandert ist? Kleine Fellreste, aber das ist schon alles. Knochen sind mir nie aufgefallen. Die werden mitverschlungen und auch mitverdaut. Bei Kirschkernen allerdings kapitulieren die Magensäfte eines Marders, die werden vollständig wieder ausgeschieden. Andere Beutegreifer übrigens werden mit Knochen nicht so leicht fertig. Das Gewöll eines Eulenvogels zum Beispiel liefert mir einen wunderbaren Bausatz vom Knochengerüst einer Maus, man könnte sie glatt wieder zusammensetzen.

Bis jetzt haben alle sechs die Nächte gemeinsam verbracht und in ihrem Volierennest geschlafen. Jetzt, Ende August, löst sich ihre Wohngemeinschaft allmählich auf. In absehbarer Zeit werden sich alle zum Schlafen auf meinem Grundstück um den Wohnwagen herum verteilen, und im September werden die Ersten ihre Schlafplätze draußen suchen, in wachsender Entfernung zum Bauwagen. Sie nabeln sich ab, haben es aber nicht wirklich eilig damit. In der Vergangenheit ist der eine oder andere meiner Marder schon bis Dezember geblieben.

Immer häufiger begegne ich Lotta jetzt draußen im Wald. Sie ist unterwegs, ich bin unterwegs, plötzlich entdeckt sie mich und kommt auf mich zugelaufen. Mal fällt die Begrüßung länger aus, mal kürzer, denn Lotta hat hier draußen jetzt jede Menge zu tun.

Am Abend des 29. August mache ich wieder meinen üblichen Spaziergang. Es war ein herrlicher Tag, jetzt taucht die Abendsonne den Wald in warmes Licht, und siehe da – Lotta hat mich bemerkt und läuft auf mich zu. Sie will dich begrüßen, denke ich, aber nein, sie verhält sich anders. Offensichtlich ist ihr nicht nach Spielen und Schmusen zumute, das ist ungewöhnlich, aber bei Lotta muss man mit allem rechnen, und diesmal wirft sie mir nur aus einiger Entfernung einen Blick zu, dreht dann ab und läuft wieder los – aber nicht auf geradem Weg, sondern in Schlangenlinien, als würde sie einer Spur folgen. Sie stöbert zwischen Steinen und Moos und Heidelbeergesträuch herum, ich hinterher, und plötzlich bleibt sie wie angewurzelt stehen, starrt auf ein Löchlein im Waldboden und schlägt im nächsten Moment zu. Die überrumpelte Maus hat es noch nicht einmal ganz nach draußen geschafft, schon findet sie sich zwischen Lottas Zähnen wieder, und genauso blitzschnell zieht sich Lotta mit ihrer Beute zurück. Ich habe das Riesenglück, den entscheidenden Augenblick in Nahaufnahme zu haben: Man sieht die Pupillen der Maus, man sieht die Pupillen von Lotta – es ist der Moment, in dem sich Beute und Beutegreifer zum ersten und letzten Mal in die Augen sehen, denn im nächsten Augenblick gehen bei der Maus die Lichter aus.

Zuschlagen und sich mit der Beute zurückziehen geschieht in Bruchteilen von Sekunden. Das heißt: Ende August ist Lotta schon eine perfekte Jägerin. Man soll nicht glauben, dass sie gerade mal fünf Monate auf der Welt ist. Und ich bin dabei! Aber nicht zufällig. Lotta zeigt mir, wie sie jagt. Und ihr scheint viel daran zu liegen, dass ich zuschaue. Für mich sieht es sogar so aus, als fände sie es großartig, dass wir gemeinsam unterwegs sind und ich Zeuge ihrer Erfolge werde.

Ich habe nie versucht, Lotta zum Spielen zu bewegen. Aber sie wickelt mich um den Finger. Sie springt mich an, sie muckert mich an, sie ist mit einem Satz auf meinem Schoß, wirft sich auf den Rücken, strampelt und will ihren Spaß. Ein mardertypisches Verhalten – junge Marder spielen und toben wie verrückt, auch mit ihrer Mutter. Aber wie immer schießt Lotta den Vogel ab, keiner spielt ausgelassener als sie. Sie überfällt mich mit ihrer guten Laune, sie überrollt mich geradezu mit ihrer Lebensfreude.

Jetzt, im Spätsommer, ist sie überhaupt nicht mehr zu halten. Ihr Spiel ist wilder denn je. Sie übertreibt, finde ich – wer nadelspitze Krallen und Zähne hat, sollte sich etwas zurückhalten. Und da passiert's.

Ich sitze im Wohnwagen, Lotta spielt mit meiner Hand, beißt zu (aber nicht fest), springt zurück, springt mich wieder an, tanzt wie ein Gummiball herum, schießt wieder auf meine Hand zu und bohrt ihre Zähne diesmal ins Nagelbett meines Daumens. Jeder weiß, wie weh das tut. Ich schreie auf – und Lotta erschrickt. Erstarrt. Bricht das Spiel sofort ab und schaut mich an.

Die Wunde blutet, und Lotta kommt näher. Sie will wissen, was los ist, und kommt langsam näher und macht dabei einen verwirrten, ich möchte fast sagen beschämten Eindruck. Im nächsten Moment fängt sie an, das Blut abzulecken, geht dabei ganz vorsichtig, ganz zärtlich vor und schaut mich währenddessen unverwandt an. Es ist unglaublich – sie will etwas wiedergutmachen. Sie bittet sozusagen um Verzeihung. Am Ende legt sie ihren Kopf in meine Hand, und damit ist die Sache für uns beide erledigt, für sie und auch für mich.

Für den Rest des Tages ist mit Spielen Schluss. Sie ist nicht mehr in der Stimmung. Ihre Spielfreude kehrt bald zurück, dann geht es erneut wild und heftig zu, aber nie mehr wird sie mich verletzen. In Zukunft wird Lotta vorsichtiger sein, und ich bin um zwei Erfahrungen reicher. Zum einen habe ich festgestellt, dass Lotta sehr wohl unterscheiden kann – Blut ist für sie nicht gleich Blut. Mein Blut ist etwas anderes als das Blut eines Beutetiers. Und zum anderen habe ich erlebt, dass ein solches Versehen sie betroffen macht. Es geht ihr nahe, dass sie mich verletzt hat. Sie weiß: So was macht man nicht, so was darf auch nie wieder vorkommen. Ich würde sagen: Da macht sich ein Gewissen bemerkbar.

Lotta lernt unglaublich schnell. Es gibt viele Bereiche, in die sie sich nicht hineinreden lässt – ausgestopfte Tiere zerfetzen hält sie zum Beispiel für ihr gutes Recht. Aber mich verletzen, das geht zu weit, das bereitet ihr Unbehagen, das hat sie nicht gewollt und zieht daraus eine Lehre: Beim Spielen mit dem Woife darf ich mich nicht mehr derartig gehen lassen.

Noch ein Erlebnis zum Schluss, diesmal mit einem Menschen. Ein Mann, der bei einem meiner Auftritte im Publikum gesessen hatte, machte mich hinterher im Internet fertig. Er fand meine »Häschenkuschelei« unerträglich, warf mir vor, Tiere zu vermenschlichen, und behauptete, mein Gerede habe mit der Realität nichts zu tun. Kennt dieser Mensch überhaupt die Realität? Haben auch meine Bilder und Videos nichts mit der Realität zu tun? Träume ich das Ganze nur? Ich kann mir nicht helfen – ich glaube, er will die Realität gar nicht zur Kenntnis nehmen. Er will sie nicht anerkennen, weil diese Realität es uns Menschen etwas schwerer macht, uns als Herren der Welt aufzuführen und zum Beispiel Marder zu erschießen oder junge Marder zu ertränken. Wir halten das Töten von Tieren für unser gutes Recht, und dabei soll es bleiben. Soll es das?

Vielleicht ist es auch einfach Angst. Vielen Menschen ist das Wilde zu wild, die Wildnis etwa oder die wilden Tiere – irgendwie sind sie ja doch gefährlich. Gezähmtes und Domestiziertes ist ihnen lieber, das Wilde aber gehört bekämpft, zur Not auch abgeschossen oder ertränkt. Es ist nur so: Das wilde Tier hört auf, wild zu sein, wenn man mit ihm lebt. Ja, solange sie jagen, sind wilde Tiere tatsächlich wild und für ihre Beutetiere gefährlich, aber …

Vor zwei Jahren saß ich auf einer Waldwiese zwischen Wildschweinen. Eine der Bachen hatte Junge, folglich schwebte ich nach gängiger Vorstellung in der Gefahr, zerrissen zu werden; und tatsächlich hat mich diese Bache angeknurrt, als sie vor mir stand. Ich habe mich dann auf dem Boden regelrecht zusammengerollt, und als ich das nächste Mal aufblickte, äste sie fünf Meter neben mir friedlich auf der Wiese. Die ganze Rotte war entspannt, und ich konnte sie in aller Ruhe fotografieren. Wie ist das möglich? Ganz einfach: Ich hatte mich angemessen verhalten. Diese Wildschweine brauchten mir ihre Wildheit nicht zu beweisen. Ich habe mich auf diese Tiere eingestellt, ich habe mich auf sie eingelassen, und Tiere spüren, wenn man sich nicht über sie erhebt. Sie honorieren es sogar.

September

In den letzten vier Wochen ist Lotta deutlich gewachsen. Wie schnell das geht! Noch ein weiterer Monat, und sie wird ihre volle Länge von fünfundvierzig Zentimetern erreicht haben, die fünfzehn Zentimeter Schwanz nicht mitgerechnet. Anderthalb Kilo wird sie dann wiegen, vielleicht auch zwei.

Und – sie hat gelernt, Männchen zu machen. Zum ersten Mal richtet sie sich auf, nachdem sie mich im Wald bemerkt hat, und verharrt längere Zeit in dieser Haltung. Schau an, denke ich, jetzt ist es so weit, jetzt beherrscht sie auch die Beobachterstellung. Sinnvoll ist diese Haltung natürlich erst, wenn es mit dem Beutemachen in freier Wildbahn losgeht – sie erhöht die Sicherheit, sie erleichtert die Jagd; von oben sieht man einfach mehr. Von nun an macht Lotta jedenfalls immer dann Männchen, wenn es etwas zu klären oder abzuchecken gilt. Sobald sie aus einem hohlen Baumstumpf oder einem Steinhaufen hervorkommt, schaut sie als Erstes, ob die Luft rein ist – auch ein Marder hat nicht nur Freunde.

Wobei sich die Zahl der natürlichen Feinde eines Steinmarders in Grenzen hält. Es gibt kaum welche. Ein Luchs könnte ihn locker erlegen, aber das dürfte höchst selten vorkommen, zu seinen üblichen Beutetieren gehört der Steinmarder jedenfalls nicht. Natürlich wäre auch ein Uhu ohne Weiteres in der Lage, einen Marder zu töten, auch ein Habichtweibchen hätte mit ihm keine Probleme, aber ich vermute: Greifvögel sind nicht sonderlich erpicht auf Marderfrikassee, weil ein Marder deutlich wehrhafter als andere Beutetiere ist. Sollten sie ihn nicht gleich richtig erwischen, könnten sie Verletzungen davontragen, was jedes wilde Tier tunlichst vermeidet, denn jede Verletzung kann in der Natur schlimme Folgen haben, sie kann sogar den Tod bedeuten. Habicht und Uhu werden sich deshalb eher für einen jungen Hasen entscheiden.

Die meisten Marder kommen durch Fallen, Jäger und Verkehrsunfälle ums Leben. Oder durch Artgenossen. Wenn ein Marder kein eigenes Revier findet, lässt er sich nämlich womöglich auf einen Kampf auf Leben und Tod mit seinesgleichen ein – so sieht die harte Realität des Lebens in freier Wildbahn aus. Und schließlich könnte auch ein Fuchs mal Appetit auf Marderfleisch entwickeln.

Allerdings ist mir aufgefallen, dass Fuchs und Marder nicht selten dieselben Pässe, also dieselben Routen durch den Wald benutzen, was dafürspricht, dass sie sich im Zweifelsfall einfach aus dem Weg gehen. Auch wenn ein Fuchs größer und stärker ist – ein Marder kann sich verteidigen. Er ist schnell, er ist unglaublich wendig, er hat diese nadelspitzen Zähne, und es wird keinen Fuchs geben, der sich von einem Marder übel zurichten lassen möchte. Nein, der einzige echte Feind des Marders ist der Mensch, und der ist allgegenwärtig.

Auch im September ist der Bauwagen noch ganz klar der Lebensmittelpunkt meiner Marder. Es sind aber nie alle gleichzeitig da, und oft genug machen sie sich unsichtbar. Wenn sich welche in dem Hohlraum unterm Bauwagendach herumtreiben, höre ich ihr Getrappel, kriege mit, wie sie sich zwischendurch streiten – aber sind es nun zwei oder drei oder vier? Ich könnte es nicht sagen.

Immer noch kommt es vor, dass ein paar in der Voliere schlafen, aber diese Truppe wechselt ständig. An manchen Tagen schlummert Lotta auch allein da. Steinmarder haben immer mehrere Wohnhöhlen, sie schlafen mal hier, mal dort, aber die Voliere steht nach wie vor auf ihrer Liste. Die Ablösung aus dem »Familienverband« ist eben ein schleichender Prozess. Ihr Bewegungsradius wird zwar immer größer, doch noch im Oktober, noch im November werden sie gelegentlich zu zweit oder gar zu dritt bei mir auftauchen.

Lotta ist selbstverständlich die Einzige, die die Bezeichnung Lebensmittelpunkt wörtlich nimmt. Beziehungsweise in einem anderen Sinne versteht als der Rest. Oder, um genau zu sein: die Herrschaft über den Bauwagen anstrebt – und zeitweilig auch tatsächlich ausübt, wie ich kleinlaut zugeben muss. Das ganz große Lottatheater geht nämlich erst jetzt im September los, und bis Oktober wird sie nicht mehr zu bändigen sein.

Es fängt damit an, dass Lotta sich an meinen Gartenzwergen vergreift. Alle sieben stehen normalerweise in einer Reihe auf einem Regalbrett an der Stirnseite des Bauwagens, ziemlich weit oben, über einem Fach mit säuberlich aufgeschichteten Brennholzscheiten. Eines Tages komme ich zum Bauwagen und sehe: Die Gartenzwerge liegen am Boden. Keine Ahnung, wer an diesem Akt des Vandalismus beteiligt war, aber Lotta dürfte federführend gewesen sein, Lotta ist bei solchen Aktionen immer die Triebfeder. Gut, ich stelle die Gartenzwerge auf ihr Brett zurück, aber anderntags liegen sie wieder unten. Lotta findet also, dass die Gartenzwerge nicht aufs Brett gehören, ich bin anderer Meinung, stelle sie erneut zurück, und am nächsten Tag – ist das Brett wieder leer. Aber am Boden liegen diesmal nur fünf.

Zwei wurden verschleppt. Dabei wiegt ein Zwerg so viel wie Lotta. Ich stelle die fünf zurück an ihren Platz – einige sind schon beschädigt –, suche mein Grundstück nach den beiden fehlenden ab und finde sie nicht. Allmählich wird's unheimlich, aber der Höhepunkt ist längst noch nicht erreicht. Am folgenden Tag zähle ich vier am Boden liegende, lädierte Gartenzwerge – was mich aber erheblich mehr irritiert: Sie haben angefangen, Brennholzscheite runterzuschmeißen, und die verbliebenen in Unordnung gebracht. Ich beruhige mich mit dem Gedanken, dass Marder eben die Vertreter einer Welt sind, in der es drüber und drunter geht, sammle die herausgeworfenen Scheite auf und bringe den Stapel wieder in Ordnung, aber beim nächsten Besuch traue ich meinen Augen nicht: Das Fach mit den Brennholzscheiten – zwei Meter hoch, eineinhalb Meter breit – ist komplett leer! Sämtliche Scheite haben sich in einem Schwall über den Boden und die Gartenbank ergossen. Mit anderen Worten: Es herrscht umfassendes Chaos. Der gesamte Brennholzvorrat wurde von Lotta und ihren Helfershelfern rausgerissen, runtergeworfen und teilweise weggetragen, Hunderte Scheite liegen kreuz und quer vor dem Bauwagen und unter dem Bauwagen, auch die Bank verschwindet unter Holzstücken, und irgendwo schauen die traurigen Reste von drei Gartenzwergen heraus.

Ich kann das Holz nicht liegen lassen, sonst wird es bei Regen nass, also sortiere ich alles wieder ein. Das dauert eine Weile, und anderntags bietet sich mir genau das gleiche Bild wie am Vortag: Das ganze Holz bis zum letzten Scheit rausgerissen und runtergeworfen. Aber welchen Aufwand sie betreiben! Welche Anstrengung es sie kosten muss, das komplette Fach zu leeren, selbst wenn alle mithelfen! Jedenfalls kann es so nicht weitergehen. Was tun?

Sie müssen mit ihrem Zerstörungswerk ja oben anfangen. Kommen sie an die höchste Schicht nicht dran, sind sie machtlos. Ich nagele deshalb vor die obere Lage ein Brett, und siehe da, bei meinem nächsten Besuch ist alles in bester Ordnung, nur die letzten zwei Gartenzwerge liegen am Boden. Keine

Woche später aber sind sie auf die Lösung gekommen. Was genau ihre Strategie gewesen ist, kann ich nicht sagen, aber vermutlich wurden Scheite aus der Mitte herausgezogen, die Stabilität des Stapels auf diese Weise erschüttert und die gelockerten Scheite dann einer nach dem anderen entfernt – doch wie dem nun gewesen sein mag: Das Fach ist erneut komplett leer, das Holz liegt schon wieder am Boden, und von meinen »Helden« ist nichts zu sehen. Ich gehe daran, die Scheite wieder einzuräumen.

Das nächste Mal komme ich für sie zu früh. Sie haben gerade erst mit ihrer Arbeit begonnen, und mein Verdacht bestätigt sich: Ein paar Scheite in der Mitte hängen heraus. Sind die erst entfernt, rutschen andere von oben nach, und der Marder hat leichtes Spiel. Ein Scheit liegt schon am Boden; ich habe sie also gestört, aber diesmal unternehme ich nichts, und einen Tag später ist der Idealzustand wieder erreicht – das Fach ist leer, der Boden mit Holzscheiten übersät, und ich beschließe: So bleibt es jetzt auch, bis sie die Lust daran verlieren und der Spuk endgültig vorbei ist.

Wo Ordnung herrscht, muss Unordnung eintreten – dieses Ziel ist erreicht, und an dem wüsten Durcheinander ändern sie nun nichts mehr; das kann so bleiben, damit sind sie zufrieden. Würde ich auch nur zwei Scheite aufheben und ins Fach zurücklegen – ich bin sicher, sie würden meinen Fehler umgehend korrigieren. Was ich mich allerdings frage: Wo sind die verschwundenen Gartenzwerge geblieben? Vorm Bauwagen liegt nur noch ein einziger, schwer angeschlagen, weil er schon zigmal runtergefallen ist – die übrigen sechs aber sind unauffindbar.

Nun liebt es Lotta, Dinge zu zerbeißen. Was meine Hand angeht, ist sie inzwischen vorsichtig geworden, aber ansonsten geht sie auf alles los, was einigermaßen weich oder elastisch ist, bohrt ihre Zähne rein, kaut lustvoll darauf herum, zerbeißt es von vorn bis hinten und hat eine riesige Freude daran. Nur muss sie geeignete Gegenstände erst mal in ihren Besitz bringen.

Also beklaut sie mich, und mein Filzhut gehört zu ihren absoluten Lieblingsbeutestücken. Ich komme bei der Arbeit ins Schwitzen, setze ihn ab und lege ihn beiseite, und im nächsten Moment sehe ich aus den Augenwinkeln, wie er sich förmlich in Luft auflöst. Ein anderes Mal beobachte ich, wie mein Hut am Bauwagen senkrecht hochläuft und unterm Bauwagendach verschwindet. Manchmal erobere ich ihn zurück, manchmal nicht.

Ein weiteres Objekt ihrer Begierde ist mein Handy. Es steckt in einer hübschen Lederhülle, auf die Lotta ganz versessen ist, weil sich wunderbar reinbeißen und drauf herumkauen lässt. Irgendwann ist das Etui so zerbissen, dass Sabine mir ein neues kauft. Ich überlasse Lotta die alte Hülle in der Hoffnung, dass sie mein Handy fortan in Ruhe lassen wird, aber von wegen, die neue Hülle gefällt ihr auch, und überhaupt – zwei lederne Handyhüllen sind besser als eine.

Eines Tages sitze ich auf der Bank vorm Bauwagen, greife nach meinem Handy, und das Handy ist weg. Hab ich's verlegt? Ich durchsuche den Bauwagen. Nein, fällt mir ein, es lag draußen auf dem Tisch. Also muss Lotta mein Handy aus dem Verkehr gezogen haben. Wo kann es sein? Ist es den Weg der Gartenzwerge gegangen? In meiner Ratlosigkeit lege ich mich schließlich auf den Bauch und werfe einen Blick unter den Bauwagen. Was entdecke ich?

Ihr Depot. Ihr Zentrallager. Ihre geheime Schatzinsel. Genau in der Mitte, unerreichbar für meinen Arm, zeichnet sich im Dunkel ein Haufen ab, und als ich mit der Taschenlampe reinleuchte, offenbart sich mir das Geheimnis der verschwundenen

Dinge: Alles, was sie an sich bringt, landet auf diesem Haufen unterm Bauwagen. Als hätte sie den Ehrgeiz, eine Sammlung anzulegen und diese Sammlung stetig zu vergrößern. Da liegen meine Gartenzwerge. Da liegen meine vermissten Taschentücher. Da liegen verschwundene Futterschüsseln und leere Frischkäsepackungen. Da liegt ein Filzhut von mir, da liegt auch mein Handy. Alles Gegenstände, für die ein Marder eigentlich keine Verwendung hat. Was bedeutet einem Marder ein Gartenzwerg? Oder sind es Trophäen?

Der Fall ist gelöst, aber ich bin sprachlos.

Ich nehme einen Stock. Er hat vorn ein Stück Geweih, wie ein Haken gebogen, damit stochere ich jetzt unterm Bauwagen herum und fische raus, was aus Lottas Sammlung für mich noch brauchbar ist, meinen Hut, meine Gartenzwerge, mein Handy. Vorsorglich lasse ich den Stock dann draußen stehen, und was soll ich sagen? Auch er wird von Lotta für würdig befunden, in ihre Sammlung aufgenommen zu werden, und landet ebenfalls im Zentrallager unterm Bauwagen. Jetzt brauche ich einen zweiten Stock.

Um es kurz zu machen: Lotta fällt in die Kategorie Sammler und Jäger. Interessant finde ich, dass sie nur Sachen sammelt, die mir gehören, oder an denen mein Geruch haftet. Sie klaut ja nicht wahllos. Was hat sie vor? Ist das ihr Hobbyraum? Arbeitet sie an einer Woid-Woife-Gedenkstätte? Dass sie sich etwas dabei denkt, steht für mich außer Frage, sonst hätte sie ihr Depot nicht ausgerechnet dort angelegt, wo es nach Mardederermessen für mich unerreichbar ist.

Dass ich ihr auf die Schliche gekommen bin, stört sie übrigens nicht. Zwischen August und Oktober suche ich bestimmt fünfzigmal nach meinem Hut, hundertmal nach meinem Handy und ständig nach meinen Taschentüchern. Meine Gartenzwergsammlung besteht am Ende aus anderthalb

Exemplaren, und einen nicht geringen Teil meiner Zeit verbringe ich damit, auf dem Bauch liegend mit einem Stock unterm Bauwagen herumzustochern, um mir zurückzuholen, was Lotta für ihr rechtmäßiges Eigentum hält. Mit diesem Marderchaos muss ich einstweilen leben.

Im Grunde liegt das Sammeln allen Steinmardern im Blut. Mal finde ich auf meinem Grundstück eine abgerissene Schuhsohle, mal ein Stück Gartenschlauch. Die Schuhsole dürfte von einem Wanderer stammen, das Stück Gartenschlauch wird einer auf seiner Diebestour durch die Siedlung erbeutet haben. Lotta unterscheidet sich vom Rest der Bande also weniger durch ihre Neigungen als durch ihren Charakter. Sie zieht eben alles mit letzter Konsequenz durch. Bei allem, was sie treibt, ist sie mit Leib und Seele dabei, mit Begeisterung und nicht zuletzt mit Raffinesse.

Und: Alles muss sofort geschehen. Jede Laune, jeden Einfall setzt sie, ohne zu zögern, in die Tat um. Eben hat sie noch leidenschaftlich gespielt, jetzt bricht sie das Spiel abrupt ab, um sich schlafen zu legen. Sie begrüßt mich im Wald, und genauso plötzlich, wie sie aufgetaucht ist, zieht sie sich wieder zurück. Manchmal ist ihr dann eingefallen, dass sie Durst hat und auf der Stelle trinken muss, dann wieder überkommt sie schlagartig die Müdigkeit, und wenn ich ihr folge, finde ich sie tief und fest schlafend in einer Baumhöhle. Ich mache, wonach mir gerade ist, und ich mache es sofort – so funktioniert Lotta. Kann man sich ein glücklicheres Leben vorstellen?

So viel zu Lotta, der Sammlerin. Jetzt zu Lotta, der Jägerin. Die Zeit des blinden Drauflosstürmens ist seit Anfang des Monats vorbei; jetzt lässt sie sich nicht mehr so leicht aus der Reserve locken. Da sitzt ein Eichhörnchen fünfzig Meter weiter im Baum? Lotta schaut gebannt in seine Richtung –

und verliert das Interesse: zu weit weg. Sie hat oft genug die Erfahrung gemacht, dass Eichhörnchen nicht nur schnell sind, sondern auch die besseren Kletterer. Kein Steinmarder bewegt sich im Baum wie ein Eichhörnchen, also spart sich Lotta ihre Energie für den nächsten Zug auf.

Einmal aber schießt sie los. Ihr ist ein Eichhörnchen aufgefallen, das sich unsicher bewegt, das wohl verletzt ist. In diesem Fall wird keinen Moment gezögert, das ist sichere Beute, und wenig später kommt sie mit dem Eichhörnchen zwischen den Zähnen den Baum runter. Es ist Lottas erstes Eichhörnchen, und Lotta ist noch stolzer als sonst.

Es ist schon ein unglaubliches Glück, sie auf der Jagd begleiten zu dürfen. Die Sache hat aber noch einen schönen Nebeneffekt: In Lottas Jagdrevier komme ich auch anderen Tieren auf die Spur. An diesem Tag hat Lotta eine Rötelmaus gleich vor dem Ausgang ihres Baus gefangen und sich umgehend mit ihr in einen Steinhaufen zurückgezogen; ich habe also Zeit, lege mich auf die Lauer und behalte das Loch im Moos weiterhin im Auge. Da kommt eine Waldspitzmaus aus dem Bau der Rötelmaus, zeigt sich kurz, schlüpft gleich wieder zurück – und erscheint erneut.

Was will sie? Ja, da liegt ein Regenwurm. Ich fotografiere die Waldspitzmaus in dem Moment, in dem sie den Regenwurm packt. Wahrscheinlich hat sie ihn vorher mit ihrem Speichel traktiert, sodass er sich nicht mehr ins Erdreich verziehen konnte. Dieser Speichel ist nämlich giftig, weshalb sie sich auch an Wühlmäuse, Kröten und Schlangen heranwagt, deutlich größer als sie selbst. Dass Lotta keine Waldspitzmäuse frisst, wird aber eher an dem moschusartigen Sekret liegen, das Spitzmäuse absondern, um ihr Revier zu markieren.

Im Übrigen ist sie kein Nagetier, wie viele glauben. Genau wie Lotta ist die Waldspitzmaus ein Beutegreifer, der sich hauptsächlich von Insekten, Spinnen, Schnecken und Würmern ernährt. Und was ihre Schnelligkeit angeht … Auch eine Rötelmaus ist flink unterwegs, aber im Vergleich zur Waldspitzmaus ist sie ein Traktor. Ich halte weiterhin die Kamera auf sie gerichtet, aber hinterher ist die Waldspitzmaus auf keinem einzigen Bild mehr zu sehen; jedes Mal, wenn ich auslöse, ist sie bereits wieder in ihrem Bau verschwunden. Immerhin habe ich sie mit dem Regenwurm erwischt, und dieses Foto verdanke ich Lotta.

Die, wie sich zeigt, auch im Wald zu Späßen aufgelegt ist. Ich kenne ja die meisten ihrer Schlafplätze, ich weiß, dass sie sich zum Beispiel in einem ausgehöhlten Baumstumpf eingerichtet hat, und lasse mich davor auf dem Waldboden nieder, um ein Video fürs Kinderprogramm zu drehen. Die Kamera läuft, ich sage meinen Text, da kommt Lotta von hinten, zieht mir den Hut vom Kopf und entschwindet mit ihm eiligst Richtung Baumstumpf. Auf dem Video sieht man, wie ich erst mit der Hand hineingreife und dann mit einem Stock versuche, meinen Hut aus ihrem Loch zu fischen. Es gelingt, aber beinahe wäre auch dieser Hut für immer verloren gewesen. Es wird eben nie langweilig mit ihr.

So gern ich sonst mit Freunden vor dem Bauwagen am Tisch in der Abendsonne sitze, einen Kasten Bier in Reichweite – solange Lotta da ist, gilt für den Bauwagenbereich: Betreten verboten, kein menschliches Wesen zugelassen! Aber einmal lässt es sich nicht vermeiden, weil ich für einige Tage nach Norddeutschland muss. Freunde von mir übernehmen es deshalb, ein paar Küken in die Voliere zu legen, und stellen bei der Gelegenheit fest: Von Mardern ist weit und breit nichts zu sehen. Kaum aber bin ich zurück, höre ich lautes Getrappel auf dem Bauwagendach, und Lotta springt mich an wie ein

Hund, dessen Herrchen nach Hause kommt. Es ist tatsächlich so: Niemand außer mir hat Lotta nach ihrer Auswilderung je zu Gesicht bekommen. Gäbe es nicht die Fotos, man könnte glauben, ich hätte sie erfunden.

Bisher wird jedenfalls noch zugefüttert. Eigentlich ist das nicht mehr nötig, aber ich möchte sichergehen, dass meine Marder bestens auf die Freiheit vorbereitet sind. Nicht, dass sie unter Mangelerscheinungen leiden, weil das Jagdglück sie verlassen hat, und dann womöglich zu schwach sind, um weiter auf die Jagd zu gehen. Seit einiger Zeit stelle ich allerdings fest, dass von meinen fünf Küken am nächsten Tag noch vier da sind. Oder alle fünf. Sie wollen also gar nicht mehr gefüttert werden. Ich werde demnächst damit aufhören.

Ende September fällt die Temperatur. Es ist die Zeit der Hirschbrunft. Nachts haben wir schon Minusgrade, in der Brunftarena messe ich vier Grad unter null. Der Bayerische Wald zeigt jetzt sein raues Gesicht. Um mich aufzuwärmen, bevor ich zur Hirschbrunft aufbreche, heize ich den Bauwagen ein. Oben unterm Bauwagendach höre ich meine Marder.

Ich nehme also ein Feuerzeug und entzünde das Holz im Ofen. Rauch tritt aus dem Schornstein aus, im Bauwagen riecht es entsprechend. Da tritt Lotta ein. Sie hat mitbekommen, dass ich da bin, kommt herein, bleibt im Raum stehen, schnuppert, sieht in Richtung Ofen, macht auf der Stelle kehrt und schießt in panischer Angst zur Tür hinaus in den Wald – nichts wie weg, so weit wie möglich. So also reagiert sie auf Feuer. Nie zuvor hat Lotta den Geruch von Rauch in der Nase gehabt, aber sie weiß, dass er Lebensgefahr bedeutet.

Ich hatte mir nichts dabei gedacht, ich wollte es im Wohnwagen nur warm haben. Jetzt warte ich, dass sie zurückkommt, aber Lotta zeigt sich nicht mehr. Ich rufe sie, aber sie bleibt verschwunden. Das ist ungewöhnlich; nachmittags war sie noch nie im Wald unterwegs. Auch am nächsten Tag von ihre keine Spur – sollte sie in der Nähe sein, will sie nichts von mir wissen. Sie muss regelrecht erschüttert sein, aber wie passt das auch zusammen: Der Bauwagen, ihre sichere Wohnhöhle, riecht mit einem Mal nach Inferno und Tod, und der Woife schaut seelenruhig zu?

Am dritten Tag kommt sie zurück. Ich bin heilfroh, will der Sache aber auf den Grund gehen. Ist es der Rauch, der sie alarmiert? Die Flammen im Ofen hat sie ja nicht sehen können. Tage später nehme ich in ihrer Gegenwart ein Feuerzeug in die Hand und mache es an. Lotta ist gerade mit etwas anderem beschäftigt, blickt aber plötzlich auf, nimmt die kleine Flamme wahr, macht einen Schritt auf das Feuerzeug zu, begreift, worum es sich handelt, und nimmt wieder in panischem Schrecken Reißaus.

Ich bin um eine Erfahrung reicher. Ihre kopflose Flucht ist eine instinktive Reaktion, unabhängig von jeder Erfahrung, die Angst vor Feuer muss folglich angeboren sein. Was mache ich jetzt? Wenn ich Lotta nicht vergrämen und verscheuchen will, darf ich nicht mehr einheizen. Was mich vor ein Problem stellt. Ich darf ja nicht einmal dann Feuer machen, wenn Lotta weit und breit nicht zu sehen ist – das Risiko, sie endgültig zu vergraulen, wäre mir zu hoch. Also ist Feuer bis auf Weiteres tabu.

Es wird der kälteste Winter meines Lebens. In Zukunft ziehe ich mir die dickste Winterjacke an, die ich besitze, und stopfe mir zusätzlich zwei Wärmflaschen drunter – bei zehn, fünfzehn Grad minus ist es im Bauwagen kaum wärmer als draußen, nur der Wind bleibt einem erspart. Lottas Kollegen würden mir einen beheizten Bauwagen durchgehen lassen,

Bäume läuft Lotta als erwachsener Steinmarder einfach senkrecht an der Rinde hoch. Gegen den Baummarder wirkt sie jedoch fast langsam.

Lotta (im Vordergrund) und Hysteria (hinten)
gemeinsam im Wald unterwegs.

Wichtiger Nahrungslieferant: die Vogelbeere.
Hier beißt ein männlicher Gimpel zu.

Auch dieses junge Rotkehlchen lässt sich die Früchte schmecken.
Es trägt noch sein tarnendes Jugendkleid.

.otta beißt ganze Büschel am Strauch ab, um sie am Boden zu verspeisen.

Nichts geht verloren. Die Rötelmaus kümmert sich um die Reste.

An dieser Wasserstelle löscht Lotta gerne ihren Durst.

Unvorsichtige Vögel werden gelegentlich zur Beute.
Mäuse bleiben jedoch immer die Hauptnahrung an tierischer Kost.

Dieses Eichhörnchen lässt sich die Eier in einem Vogelnest schmecken. Vielleicht benötigt es mehr Eiweiß, weil es selbst Jungtiere versorgt.

Nur einmal sehe ich Lotta mit einem Eichhörnchen als Beute. s war sichtlich verletzt, und Lotta lässt sich diese Nahrung nicht entgehen.

Ihre Jagdkünste sind nahezu perfekt. Sie hat keine Mühe, Beute zu machen. Hier zieht sie eine Maus aus dem Boden.

Unzählige Male sehe ich Lotta mit Mäusen. Sie weiß immer, wo man sie findet.

Der wohl verrückteste Moment: Lotta bringt mir einen Meisenknödel.
Sie versteckt diese energiereiche »Beute« nahezu überall.

Lotta und Hysteria erkunden die Wälder um den Bauwagen (Hintergrund).
Steinhaufen haben auf sie eine magische Anziehungskraft.

Kein seltener Anblick: Lotta im Vogelhaus am Bauwagen.

Zwischen unerbittlicher Jägerin und zärtlichem »Mardermädchen« liegen manchmal nur wenige Sekunden. Sie kann sofort umschalten.

Auch Totholz ist eine wichtige Nahrungsquelle für Marder. Käfer und Larven finden sich darin. Lotta bearbeitet das morsche Holz, bis sie am Ziel ist.

Dieser Amselhahn war so mit der Balz beschäftigt, dass er Lotta nicht bemerkte. Ich bin bei solchen Jagdszenen nur ein Zaungast.

Spitzmäuse sind erfolgreiche Jäger (hier mit einem Regenwurm). Das Zuhause dieser Waldspitzmaus entdecke ich nur durch Lotta.

Von Revierkämpfen gezeichnet. Im Mai 2023 wird ihr Gesichtsausdruck plötzlich ernst, und ihre jugendliche Unbeschwertheit verschwindet.

Augenblicke wie dieser veränderten mein Leben für immer.

wahrscheinlich hätte selbst Hysteria nichts dagegen, aber die anderen fünf betrachten den Bauwagen ja auch nicht als ihr ureigenes Privatrefugium und Wohnzimmer.

Selbst meine Begeisterung für Lotta kann mich nicht davon abhalten, zur Hirschbrunft zu gehen. Sie ist das größte Schauspiel, das der Wald zu bieten hat. Für die Tage vom 21. September bis zum 3. Oktober nehme ich mir deshalb nichts anderes vor und breche manchmal schon frühmorgens in völliger Dunkelheit auf. Ja, ich bin süchtig. Ich bin süchtig nach solchen Erlebnissen, süchtig nach der Gesellschaft wilder Tiere.

Die Brunft bahnt sich mit lang gezogenem, heiserem Brüllen an; es klingt wie ein Echo aus Urzeiten, das die Stille der schwarzen Wälder zerreißt. Noch ist die Morgendämmerung nicht angebrochen, da sitze ich schon in der Nähe der Brunftarena und lausche dem Konzert der roten Riesen. Sie mögen die Kälte. Ist es ihnen zu warm, kommen sie nicht in Stimmung. Nur regnen darf es nicht: Regen dämpft ihre Begeisterung.

Die nächtliche Kälte ist also ideal, aber der Tagesanbruch wird trotzdem dankbar begrüßt, von ihnen wie von mir. Die ersten Sonnenstrahlen brechen durch die Baumkronen, und nach Stunden des Frierens suche ich ein Fleckchen Sonnenlicht auf, um etwas Wärme zu tanken. Ein kleiner Hang liegt vor mir, und was sehe ich? Da liegt ein mächtiger Hirsch, ein König der Wälder, und genießt die Sonne genauso wie ich. Ich liebe solche Momente. Stille ist eingekehrt, nur vereinzeltes Röhren ist noch zu vernehmen, ein neuer Tag beginnt, eine neue Welt steigt aus der Dunkelheit auf, und dieser grandiose Augenblick gehört jetzt ganz uns beiden, mir und diesem Hirsch. Er hat die Augen geschlossen. Ich mache ein paar

Schritte auf ihn zu, er sieht mich und schaut mich an, bleibt aber liegen, und ich denke: welch ein unglaublich friedlicher Moment. Und jetzt verlässt du diesen zauberhaften Ort, um zum nächsten zauberhaften Ort zu fahren, wo dein Waldmädchen auf dich wartet. Was hast du für ein Glück …

Diese Hirschbrunft ist die schönste meines Lebens. Vierzehn Tage lang wechsle ich zwischen Lotta und den Hirschen hin und her, und zum allerersten Mal nehme ich Sabine mit zur Hirschbrunft.

Sie bekommt viel geboten. Wir treten auf eine Lichtung hinaus, und in fünfzig Metern Entfernung steht ein großer Zwölfender inmitten seiner Kühe, frei, im schönsten Abendlicht, ein Bild wie ein Gemälde. Dann kommt ein zweiter hinzu, später ein dritter, und schließlich wagt sich ein junger Kerl, ein Sechsender, in den Machtbereich des Zwölfenders. Der erblickt ihn, trabt ihm entgegen, verscheucht ihn und setzt ihm zwischen den Bäumen nach – großes Kino; als hätten Steven Spielberg und George Lucas gemeinsam Regie geführt. Und auf dem Rückweg bricht ein weiterer riesiger Rothirsch keine zehn Meter vor uns unter dem krachenden Splittern von Ästen aus dem Wald. Mir zerspringt beinahe das Herz vor Freude. Mögen diese Tage niemals enden, denke ich.

Oktober

Sie enden natürlich doch. Anfang Oktober ist die Hirschbrunft vorüber, aber ich kann es nicht glauben: Zwei Wochen lang hört man überall Hirsche, sieht man überall Hirsche, und dann, von einem Tag auf den anderen, ist es damit vorbei, als hätten Außerirdische alle Hirsche entführt. Und genau jetzt beschließt Lotta, sich ebenfalls davonzumachen. Zum ersten Mal ist sie wie vom Erdboden verschluckt – sie kommt nicht zum Bauwagen, sie läuft mir auch nicht im Wald über den Weg. Die anderen Marder sind ebenfalls verschwunden.

Ich bin schockiert. Vom Gipfel des Glücks stürze ich in einen Abgrund bodenloser Enttäuschung. Ich mache mir Sorgen und schlafe schlecht, ich stelle mir vor: Lotta ist gegangen. Abgehauen. Das war's. Alles aus und vorbei.

Allerdings falle ich nach der Hirschbrunft jedes Mal in ein Loch. Die Brunft ist eine derart überwältigende Erfahrung, dass mir das Leben hinterher tagelang sinnlos erscheint. In anderen Jahren geht diese Krise allerdings schnell vorbei, diesmal aber weiß ich nach einer Woche immer noch nichts mit mir anzufangen. Und dann taucht Lotta doch wieder auf. Acht Tage nach ihrem Verschwinden ist sie plötzlich wieder da, und mir fällt ein Stein vom Herzen. Auch die anderen lassen sich wieder sehen, und es ist, als wäre Lotta nie weggewesen. Keine Ahnung, was sie in ihrer Abwesenheit getrieben hat, aber jetzt nimmt sie einfach ihr altes Leben wieder auf, samt Bauwagenbesuch und dem Klauen meiner Sachen.

Nein, nichts hat sich geändert. Lotta haust mit ein paar anderen oben in dem Zwischenraum zwischen Wohnwagendach und meiner Holzkonstruktion, der praktisch einen Dachboden darstellt. Da oben sind sie vor Wind und Wetter geschützt, von dort haben sie einen guten Überblick, da oben schlafen sie auch. Kaum hört mich Lotta kommen, zeigt sie sich auch schon auf einem Absatz über der Tür und schaut mich an. Und kaum habe ich die Tür aufgesperrt, springt sie mir auf die Schulter und lässt sich reintragen. Im nächsten Moment kapituliere ich vor ihrer überschwänglichen Freude, und los geht's – sie will schmusen und spielen, und zwar jetzt sofort, und wir schmusen und spielen, bis sie genug hat und sich einer anderen Beschäftigung zuwendet. Von nun an verschwindet sie zwar regelmäßig im Wald, kehrt aber immer spätestens nach zwei Tagen zurück.

Unsere Begegnungen spielen sich mittlerweile folgendermaßen ab: Für Spontanbegegnungen im Wald nimmt sie sich oft nicht mehr Zeit als zwei alte Freunde das tun, die sich zufällig auf der Straße sehen, ein paar Worte wechseln und gleich darauf ihrer Wege gehen. Das heißt: Unsere Treffen dauern dann nur eine, höchstens zwei Minuten, denn eigentlich ist sie schwer beschäftigt, aber ein kurzes Hallo ist drin, so viel Zeit muss sein, und dann klatscht sie mich ab und leckt mich ab, kontrolliert auch kurz, was ich an Fotoausrüstung dabeihabe – und verzieht sich wieder.

Wenn sie sich in einem Gebüsch befindet, macht sie Männchen, bis der Augenkontakt zu mir hergestellt ist – zufällig hab ich gerade Zeit für dich, heißt das –, läuft dann auf mich zu, und das Begrüßungsritual schließt sich an. Die Länge des Rituals hängt auch vom Ort der Begegnung ab. Lotta muss sich sicher fühlen, und im Wald es gibt Stellen, an denen sie sich nicht länger als unbedingt nötig aufhalten möchte, selbst wenn ich dabei bin. Ich kenne aber ihre Lieblingsorte, bestimmte Steinhaufen zum Beispiel, und dort spielt Zeit für sie keine Rolle.

Es kann aber auch passieren, dass sie sich zum Schlafen nach alter Gewohnheit in die Voliere zurückzieht. Ich fasse dann gleich nach meiner Ankunft hinein, und Lotta gleitet aus ihrer Decke direkt in meine Hand. In diesem Fall weiß ich, dass sie auf mich gewartet hat und dass es dauern kann – zwei Stunden Tiefschlaf auf meinem Arm inbegriffen.

Weiterhin ist nichts vor ihr sicher. Eines Tages stelle ich meinen Rucksack mit der Kamera und dem ganzen Fotoequipment im Bauwagen ab, hole die Kamera raus, um draußen Vögel zu fotografieren, und verschließe ihn sicherheitshalber. Als ich zurückkomme, sehe ich, dass sich der Rucksack bewegt. Ich öffne ihn, und im Fach für die Kamera sitzt Lotta – zwei Sekunden Unaufmerksamkeit reichen ihr, um in den Rucksack zu schlüpfen, aber das ist erst der Anfang. Von nun an setzt sie alles daran, den Inhalt des Rucksacks in ihren Besitz zu bringen. Sie hat eine Schwäche für Objektive, aber auch das externe Kameramikrofon in seiner Schaumgummihülle lässt ihr keine Ruhe, solange sie es nicht verschleppt hat.

Ich muss also höllisch aufpassen und vergesse im Eifer des Gefechts manchmal trotzdem, den Rucksack zu verschließen. Einmal fotografiere ich im Wald und habe keine Ahnung, wo Lotta stecken könnte, aber sie wittert mich, sie lokalisiert mich, sie findet mich, und als ich sie bemerke, ist es zu spät: Während ich mit der Kamera zugange war, hat sie den Rucksack durchwühlt und sich für ein Weitwinkelobjektiv entschieden – das ist handlich und nicht allzu schwer, es lässt sich von einer gewieften Diebin wie ihr problemlos herausfischen und abtransportieren und würde sich außerdem in einem ihrer Steinhaufen gut machen.

Als ich mitkriege, was vor sich geht, läuft Lotta bereits mit dem Objektiv zwischen den Zähnen davon in Richtung Waldeseinsamkeit, wo mein Objektiv auf Nimmerwiedersehen verschwinden würde – und sie schleppt sich mit dem Ding keineswegs ab, sie kommt auf volle Mardergeschwindigkeit und versucht jetzt, mit langen Sprüngen ins Brombeerdornengestrüpp zu entkommen. Ich gerate in Panik – so ein Objektiv ist nicht billig. Also setze ich ihr nach, so schnell es geht, und habe Glück: Dass ich ihr hinterherrenne, hat sie noch nie erlebt. Vielleicht versteht sie jetzt, dass die Sache nicht ganz sauber ist, jedenfalls lässt sie das Objektiv fallen und zieht sich vorsichtshalber in dichtes Gestrüpp zurück. Das war knapp. Lotta über längere Distanz zu verfolgen, wäre genauso unmöglich gewesen wie das ganze Waldstück abzusuchen; ich hätte jeden Geröllhaufen umpflügen und jede Baumhöhle abtasten müssen.

Eine neue Angewohnheit von ihr wirft ein bezeichnendes Licht auf ihre kuriose Vorstellung von Privateigentum. Seit einigen Tagen wird, was mir gehört, nicht nur interessiert beschnüffelt oder geklaut, sondern vorsorglich markiert. Das heißt nichts anderes, als dass sie etwas mit Urin bespritzt, um ihren Besitzanspruch geltend zu machen. Normalerweise markieren Tiere auf diese Weise ihr Territorium, aber Lotta geht weiter und markiert als Erstes das Holzbrett im Bauwagen, auf dem ich bis vor einiger Zeit die Nahrung für meine Marder zubereitet habe. Es ist gar nicht mehr in Gebrauch, aber Lotta lässt sich nicht täuschen – für irgendetwas wird das Ding ja weiterhin gut sein, und sie reklamiert ein Mitspracherecht, was seine künftige Verwendung angeht.

Und als Nächstes markiert sie meine Kamera, meinen wertvollsten Besitz. Ich habe sie dummerweise auf dem Tisch im Bauwagen abgelegt und stehe zwar gleich daneben, aber so schnell, wie Lotta mit dem Körper drübergeht und dabei ihren Urin abspritzt, kann man gar nicht gucken. Auch Schreien nützt nichts, Lotta ist schon fertig und die Kamera leider ruiniert – ich schalte sie probeweise ein, und das gute Stück spielt verrückt, sie brennt sozusagen durch. Lottas Botschaft ist immerhin klar: Diese Kamera gehört jetzt uns beiden. Mithin darf sie auch über die Objektive und das Mikrofon frei verfügen, ohne dass ich mich so anstelle wie das letzte Mal draußen im Wald.

Es geht aber noch verrückter. Wenn ich kurz den Bauwagen verlasse, um im Wald auszutreten, schließt sich Lotta mir an, kommt mit an die frische Luft, baut sich neben mir auf und pieselt ebenfalls. Aus Solidarität? Es ist jedenfalls ein Bild für die Götter: Mensch und Marder synchron beim kleinen Geschäft; anschließend kehren wir einträchtig zum Bauwagen zurück. Die Komik der Situation lässt sich sogar noch steigern. Auch wenn wir uns zufällig draußen im Wald treffen, kommt es vor, dass ich muss, und selbst dann nehmen wir in geschlossener Formation vor demselben Baum Aufstellung, in dieselbe Beschäftigung vertieft. Ich frage mich: Ist gemeinschaftliches Urinieren unter Mardern üblich? Demonstrieren sie so ihre Zusammengehörigkeit? Oder ist es ein Hobby von Lotta? Auf jeden Fall muss ich immer lachen, wenn sich Lotta wie ein Saufkumpan von mir benimmt.

Im Oktober erfährt die Öffentlichkeit erstmals von Lottas Existenz. Ich mache eine Vortragsreise, und bevor ich die Bühne betrete, läuft vorn auf der Leinwand ein kurzer Film ab, von mir selbst im Wald hinterm Bauwagen aufgenommen.

Man sieht mich zwischen Farn, Gestrüpp und Baumstämmen erzählenderweise auf dem Boden liegen, und plötzlich schlängelt sich Lotta von links unten ins Bild. Sie registriert mich zwar, findet die Kamera aber viel interessanter, läuft drauf zu, baut sich im nächsten Moment groß vor der Kamera auf und unterzieht das Objektiv einer gründlichen Prüfung. Eine lustige, lottatypische Szene.

Und ein emotionaler Anfang. Ich möchte im Publikum ja Sympathie wecken, nicht für Lotta allein, sondern für Marder im Allgemeinen. Bis zu dieser Vortragsreise aber habe ich sie geheim gehalten, weil ich meine Erlebnisse mit Lotta als Privatangelegenheit betrachte. Als eine Sache zwischen ihr und mir, zu intim, um sie vor einem Publikum auszubreiten. Ich wäre mir wie ein Verräter vorgekommen, hätte ich unsere Geschichte medial ausgeschlachtet. Jetzt erzähle ich unsere Geschichte zum ersten Mal, weil sie Steinmarder in ein freundlicheres, günstigeres Licht rücken könnte. Wenn es einer schafft, die Einstellung der Menschen zu Mardern zu verändern, dann Lotta.

Mir ist natürlich klar, dass der Marder wenig Freunde hat. Schließlich – er stinkt. Er durchbeißt Kabel im Motor. Er rumort auf dem Dachboden. Er frisst auch mal ein Huhn. Bei den Sympathiewerten landet das Eichhörnchen grundsätzlich ganz vorn und der Marder weit hinten. Ich kenne genug Menschen, die heute noch Lebendfallen aufstellen. Ein früherer Nachbar von mir – schon lange tot – brüstete sich damit, zahllose Marder in Lebendfallen gefangen zu haben. Er verschwendete keinen Gedanken auf den Marder, wenn er in seinem Taubenkobel eine Falle aufstellte und das gefangene Tier dann samt Falle in die randvolle Regentonne warf – Deckel auf, Marder rein, Deckel zu. Dutzende Marder dürften auf diese Weise ertrunken sein, umgebracht von einem Mann, der sich selbst als Tierfreund bezeichnete.

Oder eine andere Begebenheit. Eine Landwirtin findet einen jungen Marder, schon etwas älter, und übergibt ihn mir mit den Worten: »Nimm du ihn. Wenn er erst mal laufen kann, ist er bei uns nicht mehr sicher, denn da oben, wo er lag, haben wir die Marderfalle stehen.« Ich nehme das Marderbaby wortlos an mich, steige ins Auto und lasse mir diesen Satz noch einmal durch den Kopf gehen. Habe ich richtig gehört? Sie bringt dir einen jungen Marder, weil er so süß ausschaut, während sie auf ihrem Hof eine Marderfalle hat, in die der kleine Findling ein halbes Jahr später reintappen könnte?

Ich würde wirklich gern begreifen, was in den Köpfen solcher Leute vorgeht. Den Marder, der ein Huhn oder eine Taube schlägt, verstehe ich – er will halt leben. Den Menschen, der ihn deswegen tötet, verstehe ich nicht. Und dann ... Wie kommt es überhaupt, dass sie dieses Marderbaby dort oben gefunden hat? Könnte es sein, dass sich unter den gefangenen Mardern der letzten Zeit dessen Mutter befunden hat? Nun gut, diese Landwirtin war sehr nett, ich bin auch froh, dass sie mir den kleinen Marder anvertraut hat, aber es geht über meine Kräfte, mit solchen Menschen zu diskutieren.

Übrigens kann ich die verbreitete Vorliebe für Eichhörnchen auch nicht so recht verstehen. Ich mag sie, gar keine Frage, finde aber an Mardern manches sympathischer. Sonderlich sozial sind Eichhörnchen zum Beispiel nicht. Einem jungen Eichhörnchen ist seine Mutter ziemlich bald wurscht, und sobald es sich selbst ernähren kann, sucht es das Weite. Marder dagegen haben ein regelrechtes Familienleben, auch wenn der Vater die Aufzucht der Kleinen ganz der Mutter überlässt, und Marderjunge sind anhänglich, sie kuscheln noch monatelang mit ihrer Mama. Davon abgesehen – Vegetarier sind beide nicht. Auch das allseits beliebte Eichhörnchen vergreift sich an Vögeln und ihrem Gelege, während pflanzliche Kost einen großen Teil der

Nahrung von Steinmardern ausmacht ... Mir fällt jedenfalls kein Grund ein, weshalb ich das Eichhörnchen dem Marder vorziehen sollte.

Beobachten wir Lotta einmal bei der Nahrungsbeschaffung. Natürlich frisst sie andere Tiere, Vögel zum Beispiel. Aber soweit ich es mitkriege, ist ihr bei Vögeln selten mal Jagdglück vergönnt, sie machen vielleicht fünf Prozent ihrer Beutetiere aus. Die Vogeljagd ist also nicht ihre Stärke – Vögel schmecken ihr zwar, sind aber extrem schwer zu überlisten.

Und Eichhörnchen bringen einen Steinmarder zur Verzweiflung. Ich habe jedenfalls nie erlebt, dass Lotta ein gesundes Eichhörnchen erlegt hätte. Das heißt: Eichhörnchen sind im Baum vor Steinmardern ziemlich sicher, aus dem einfachen Grund, weil deren Kletterkünste nicht zu vergleichen sind mit dem, was Eichhörnchen im Baum fertigbringen. Von Eichhörnchen können Steinmarder also nur träumen – es sei denn, das Eichhörnchen träumt gerade selbst, und das Überraschungsmoment ist aufseiten des Marders. Dazu später noch mehr.

Mäuse erlegen ist hingegen einfach. Sie machen einen Großteil der Nahrung von Steinmardern aus; was Tiere angeht, würde ich auf neunzig Prozent tippen. Lotta hat sich darauf spezialisiert, Mäuse in Geröllhaufen zu fangen; darin ist sie eine Meisterin. Und gleich nach den Mäusen kommen Insekten. Totholz zum Beispiel zieht Lotta magisch an; sie reagiert darauf wie ein Specht und reißt Brocken aus der Rinde heraus, öffnet auch das Holz und verspeist, was herausgekrabbelt kommt, Käfer und Larven. Manche findet sie schmackhaft, andere nicht – auf denen kaut sie nur kurz herum und spuckt sie wieder aus.

Mit Heißhunger stürzt sich Lotta auf Süßigkeiten; so hat sie es schon in früher Kindheit gemacht. Damals war es Apfelmus, heute sind es die Rosinen im Vogelfutter, über die sie sich mit Heißhunger hermacht. Rosinen sind ihre Schokolade; erst in großem Abstand folgt, was das Vogelhaus sonst noch hergibt, nämlich Sonnenblumenkerne und Erdnüsse.

Alles, was viel Zucker enthält und daher energiereich ist, weckt ihren Appetit. Wie Auerhühner, wie Füchse lieben auch Steinmarder Heidelbeeren und Brombeeren und fressen sie ab August in rauen Mengen. Lotta kann es sogar kaum erwarten, dass diese Früchte reif werden, und beißt schon vorher hinein, um ihre Genießbarkeit zu prüfen, denn süß müssen sie schon sein, nicht nur wegen des Geschmacks, vor allem wegen des Zuckers.

Eines Tages fotografiere ich einen ganzen Schwarm von Gimpeln, der sich in einem Vogelbeerbaum niedergelassen hat und geradezu gierig über die roten Beeren herfällt. Als Nächstes bemerke ich eine Rötelmaus, die sich eine heruntergefallene Vogelbeere schnappt und reinbeißt. Und wenig später kommt Lotta vorbei, entdeckt die Vogelbeeren und klettert hoch. Vielleicht war ihr ursprünglich nach Gimpel zumute, aber die Anstrengung spart sie sich jetzt, denn – womöglich sind Vogelbeeren genauso lecker? Es käme auf einen Versuch an. Nur – um dranzukommen muss sie sich verrenken und mit zwei Pfoten in den Stamm krallen. Halb in der Luft zu hängen, findet sie aber unbequem, also beißt sie den Stiel durch, zwickt die ganze Dolde am Stängel ab und überzeugt sich durch einen Blick nach unten, dass die Dolde auch wirklich am Boden gelandet und nicht auf halbem Weg hängen geblieben ist, bevor sie rückwärts wieder runterklettert und ihre Vogelbeermahlzeit ganz gemütlich im Sitzen einnimmt. Sie lässt keine Beere übrig.

Dieser Vogelbeerbaum ist also ein regelrechter Treffpunkt für unterschiedlichste Tiere, für Allesfresser wie Vegetarier, für Beutegreifer wie Beutetiere. Eine neue Entdeckung – was mich aber am meisten begeistert: Solche Vorgänge habe ich in freier Wildbahn noch nie in voller Länge beobachten können. Gewöhnlich erwischt man Tiere bei derartigen Beschäftigungen nur für einen kurzen Moment, dann ergreifen sie die Flucht; Lotta aber stört sich nicht an meiner Anwesenheit. So komme ich zu nie gesehenen Bildern und an nie zuvor geschossene Fotos.

Aber noch einmal zurück zu Lottas Kletterkünsten. Wir haben gesehen, dass sie Eichhörnchen in diesem Punkt hoffnungslos unterlegen ist. Nicht, dass sie im Baum einen unbeholfenen Eindruck machen würde. Einmal filme ich sie, wie sie über einen dünnen Ast läuft – sie balanciert problemlos auf diesem Ast und wirkt dabei absolut trittsicher, nicht weniger geschmeidig als ein Berglöwe oder ein Jaguar. Trotzdem muss sie sich in dieser Disziplin zwei Tieren geschlagen geben – das eine ist das bereits genannte Eichhörnchen, das andere ihr nächster Artgenosse, der Baummarder. Wir werden ihm später am Bauwagen begegnen, deshalb will ich schon an dieser Stelle näher auf ihn eingehen.

Verglichen mit einem Baummarder ist ein Steinmarder im Baum ein wahrer Tölpel. Der Baummarder ist das einzige heimische Tier, das ein Eichhörnchen mit Aussicht auf Erfolg durch eine Baumkrone jagen kann. Wie kommt das? Was befähigt ihn dazu?

Man beobachte einen Steinmarder beim Klettern – er zieht sich in die Rinde gekrallt den Baum hinauf, und dabei hört man, wie seine Krallen sich bei jeder Bewegung in die Baumrinde einhängen. Ein Baummarder aber klettert völlig geräuschlos. Er fliegt förmlich den Baum hinauf; man sieht nicht einmal, dass seine Pfoten die Rinde berühren. Ein ganz anderes Kaliber also, aber gut, er ist auch anders gebaut. Seine

Überlegenheit rührt einmal daher, dass er weniger als ein Steinmarder wiegt, obwohl er in der Regel größer ist, und zum anderen: Seine Pfoten sind zwischen den Zehen behaart, was ihm eine sagenhafte Trittsicherheit am Baumstamm und auf Ästen verleiht. Baummarder sind daher für das Leben in Bäumen wie geschaffen – was aber nicht bedeutet, dass sie die meiste Zeit in Bäumen verbringen. Diese Lebensweise ist Eichhörnchen vorbehalten.

Auch Baummarder hüpfen nicht einfach von Baum zu Baum, wenn sie von A nach B wollen – sie bewegen sich dann am Boden, wie es Steinmarder oder Füchse auch machen. Fürs Klettern brauchen sie einen guten Grund beziehungsweise drei gute Gründe, nämlich: Entweder bewegt sich dort oben ein Beutetier oder es besteht Bedarf an einem Aussichtspunkt oder es ist an der Zeit, das Schlafquartier aufzusuchen. Einmal im Baum, ist ein Baummarder allerdings unerhört schnell und durchaus in der Lage, ein Eichhörnchen von Baum zu Baum springend zu verfolgen, mit guten Aussichten, es zu erwischen. Lotta hingegen …

Wenn ein Eichhörnchen vor ihr mit einem Sprung von zwei, drei Metern den Baum wechselt, bremst sie ab, hält inne und denkt nach. Ich habe erlebt, dass sie dann einen anderen Weg im Baum sucht, aber inzwischen ist das Eichhörnchen zehn Bäume weiter, und ich vermute, dass es sich über Lottas Unbeholfenheit bloß amüsiert. Für mein Waldmädchen heißt es dann: zurück auf den Boden und wieder Mäuse jagen.

Anfang Oktober haben sich die ersten drei aus der Schar meiner Marder verabschiedet. Wobei sich das so genau gar nicht sagen lässt, weil ich die anderen fünf nicht auseinanderhalten kann; aber mehr als drei lassen sich zur gleichen Zeit nicht mehr blicken. Es sind jedenfalls weniger geworden, und Ende des Monats bin ich sicher, dass außer Lotta und Hysteria nur noch einer übrig ist. Rüden hätten sich schon früher selbstständig gemacht, aber Fähen lassen sich damit Zeit, und ich wage wieder mal zu hoffen, dass Lotta es mindestens bis November bei mir aushält.

Ich bin mit dem Auto unterwegs, als ich einen toten Feldhasen am Straßenrand bemerke. Er muss eben erst überfahren worden sein, ist also noch frisch und würde meinen drei verbliebenen Mardern bestes tierisches Eiweiß liefern – ganz abgesehen von der neuen Herausforderung, die ein kompletter Hase für sie darstellen würde: So etwas kennen sie nicht, da bekommen sie es mit einem unbekannten Geruch zu tun, da müssen sie auch ihren Verstand anstrengen, denn einen Hasen zu öffnen ist kompliziert. Also lasse ich ihn mitgehen, bevor er plattgefahren oder von der Straßenreinigung in den Müll geworfen wird, und schaffe ihn zum Bauwagen.

Ganz unvorbereitet sind meine Marder nicht. Vor einiger Zeit habe ich ihnen schon ein überfahrenes Eichhörnchen mitgebracht, das großen Zuspruch fand. Sie sind regelrecht drüber hergefallen und haben das Fleisch nach allen Seiten herausgerissen – woran man erkennt, welche Enttäuschung es ihnen bereiten muss, dass ausgerechnet dieser Leckerbissen so viel schneller unterwegs ist als sie. Eigenartigerweise reagieren sie diesmal aber völlig verwirrt. Ich platziere den Feldhasen gleich neben den Bauwagen, damit sie ihn leicht drunterziehen können, um ihn im Schutz des Bauwagens zu verzehren, aber sie machen sich keineswegs hocherfreut drüber her – im Gegenteil. Selbst Lotta zögert, und einer guckt den anderen an, als wollte er fragen: Riechst du das auch? Was kann das sein?

Diese Reaktion habe ich nicht erwartet. Dass Marder Aas verschmähen, wäre nun wirklich neu. Eigentlich sollte dieser Fleischberg ein Festessen für sie sein, eigentlich sollte jetzt großes Geschrei herrschen, weil keiner dem anderen die besten Stücke gönnt. Außerdem stellt so ein Feldhase eine intellektuelle Herausforderung dar, was sie zusätzlich reizen sollte. Aber weit gefehlt. Von wegen: Attacke! Sie schleichen drum herum und schnüffeln zaghaft und scheinen nichts damit anfangen zu können. Eigenartig. Möglicherweise signalisiert ihnen dieser Hase schon durch seinen Geruch, dass sie ein erwachsenes Tier vor sich haben, vor dem auch ein erfahrener Marder gehörigen Respekt hätte.

Dann nähern sich zwei Marder. Einer allein traut sich nicht, so verstört sind sie. Aber auch diesmal wird nur ausgiebig geschnuppert, und als sich der Dritte endlich dazugesellt, suchen die beiden anderen das Weite, weshalb auch der Dritte gleich wieder aufgibt. Von Aufregung oder Freude also keine Spur. Ich warte eine Stunde, ich warte zwei Stunden – immer noch liegt der Hase unberührt da. Gottlob wird die Nacht kalt werden, sodass ich ihn bis morgen dort lassen kann.

Anderntags komme ich in der Frühe zurück, und dem Hasen fehlt nichts. Er ist nicht einmal bewegt worden. Ihr Gebiss, überlege ich, ist vielleicht noch nicht reif für das Öffnen eines so große Beutetiers. Möglich, dass in der Natur ihre Mutter beim Öffnen helfen würde, oder ein Bussard, ein paar Krähen die Vorarbeit leisten würden. Mein nächster Gedanke ist also: Ich spiele Mama, Bussard, Krähe, ich schneide das Fell auf, ich schneide auch Fleischstücke heraus und lege sie auf den Kadaver.

Damit ist der Hase für sie plötzlich wieder interessant. Meine Marder riechen frisches, schmackhaftes, dunkles Wildhasenfleisch, sie nähern sich auch, legen aber erneut keinen

Elan an den Tag. Immerhin lecken sie jetzt am Blut, auch das eine oder andere Stückchen Fleisch wird beinahe panikartig abgerissen, und ich denke schon: Jetzt passt's – doch so viel ich sehe, fressen sie nicht. Gestern könnte sie die Berührungsangst zurückgehalten haben, heute sieht es so aus, als würden sie seinem Geschmack nichts abgewinnen. Soll ich ihnen etwa zeigen, wie man's macht? Aber sie wissen ja auch sonst, was schmeckt und was nicht.

Als ich am folgenden Tag zurückkomme, ist der Hase Geschichte. Die Sonne vom Vortag hat ihm nicht gutgetan, und ich werfe ihn zu Hause in die Biotonne, bevor sich ein Fuchs animiert fühlt, dem Bauwagen einen Besuch abzustatten. Nach diesem Erlebnis bezweifle ich, dass erwachsene Feldhasen wirklich auf der Speisekarte von Mardern stehen, wie es hier und da heißt. Dass sie einen töten können, halte ich nicht für unwahrscheinlich, aber es dürfte selten vorkommen, weil sein Fleisch bei Mardern offenbar schlecht ankommt. Bei jungen Hasen mag die Sache anders liegen.

Gewundert habe ich mich über Lotta. Noch nie habe ich sie so unschlüssig erlebt. Sie, die sonst immer vorneweg ist, war zwar auch diesmal als Erste beim Hasen, scheint dem Braten dann aber genauso wenig getraut zu haben wie die beiden anderen. Nebenbei gesagt: Das Gebiss eines Marders eignet sich auch eher zum Fangen und Töten als zum Öffnen eines Kadavers.

Mir wird ein Marder angeboten. Am Ende eines Vortrags kommt ein Mann auf mich zu, der einen kleinen Marder großgezogen hat und mir das Tier jetzt unbedingt zum Auswildern übergeben will. Ich lehne ab, als ich erfahre, dass dieser Marder seit sieben Monaten in der Wohnung lebt und in dieser Zeit ausschließlich mit Menschen Umgang hatte – wie soll ich ihn jetzt dazu bringen, im Wald auf Jagd zu gehen? Und dann zeigt mir der Mann auch noch Fotos, auf denen der Marder mit der Familie am Frühstückstisch sitzt ... Ich mache mir keine Illusionen, der Zeitpunkt ist verpasst. »Wir haben Ende Oktober«, sage ich. »Wenn es mit dem Auswildern nicht funktioniert – wo soll ich mit eurem Marder dann hin? Das ist mir zu riskant.« Ich würde ja gern helfen, aber aus einem Schmusemarder wird keine Lotta werden. Nicht mal eine Hysteria.

Seit Tagen hat Lotta eine Affäre mit dem kapitalen Wildschweinkopf, der überm Fenster im Bauwagen hängt. Sie kommt wie verrückt hereingerannt, schießt die Wand hoch, verschwindet im Wildschweinkopf, macht sich darin zu schaffen und kommt wieder hervor. Dieser Kopf ist von der Seite her zugänglich, wenn man so schlank wie Lotta ist, aber was sie in seinem Inneren treibt, bleibt mir selbstverständlich verborgen.

Eines Morgens komme ich zum Bauwagen. Um die »Nachtruhe« meiner Marder nicht zu stören, verlege ich meine Besuche auf den frühen Morgen oder den späten Abend, denn tagsüber steht bei ihnen Schlafen auf dem Programm, und als menschliche Mama nehme ich Rücksicht auf ihren Tagesablauf. Als Erstes gebe ich Vogelfutter in die Vogelhäuschen, fülle dann den Meisenknödelspender bis zum Rand auf und begebe mich anschließend in den Bauwagen. Im nächsten Moment stürzt Lotta herein. Sie springt auf die Couch, entdeckt mich, stutzt, macht kurz Männchen, und jetzt sehe ich: Sie hat einen Meisenknödel im Maul. Ist der für mich? Von wegen – mit zwei, drei Sprüngen ist sie beim Wildschweinkopf, schlüpft hinein und kommt ohne Meisenknödel wieder raus.

Als sie gegangen ist, gucke ich nach, fasse von der Seite in den Kopf hinein und ertaste – Meisenknödel. Sechs oder sieben an der Zahl plus eine größere Menge Walnüsse, Pappschächtelchen und kleinere Dinge, die mir runtergefallen sind und die ich irgendwann zusammengekehrt hätte. Einen Gartenzwerg darf man hier natürlich nicht erwarten, Gartenzwerge sind unter dem Bauwagen besser aufgehoben. Also ein weiteres Depot.

Gut, Meisenknödel kann man wenigstens essen. Als Marder. Warum ausgerechnet der Wildschweinkopf als Vorratskammer herhalten muss, weiß ich nicht. Aber Lotta unterscheidet ja nicht zwischen meinem Reich und ihrem – der Bauwagen liegt auf ihrem Territorium, also kann sie dort schalten und walten, wie es ihr gefällt. Wahrscheinlich sind die Meisenknödel als Notration für uns beide gedacht, für den Fall, dass schwere Zeiten anbrechen, die wir nur dank Lottas vorausschauender Planung überleben werden.

November

In den November starte ich mit gemischten Gefühlen. Ich denke dabei weniger an die Stunden eisiger Kälte im Bauwagen, die auf mich zukommen. Ich darf im Bauwagen ja kein Feuer machen, Lotta ist dagegen, aber ich vertrage Kälte ganz gut, besser als Hitze. Schlimmer ist, dass ich nun jeden Morgen mit der Ahnung aufwachen werde, Lotta könnte sich verabschiedet haben. Es wäre normal. Im neunten Monat nach ihrer Geburt sind Steinmarder ausgewachsen und können ausgezeichnet für sich selbst sorgen, und bisher haben fast alle meine Marder im November definitiv das Weite gesucht. Auch Lotta könnte morgen oder übermorgen sagen: Du hast deine Schuldigkeit getan, Woife. Ich brauche dich nicht mehr, ich gehe.

Tatsächlich macht sich Lotta gleich Anfang November rar. Man weiß nie, was das bedeutet. Es könnte heißen, dass sie sich bloß eine Auszeit nimmt, es könnte aber auch heißen, dass sie endgültig auf und davon ist. Jedenfalls ist es am Bauwagen seit Tagen still, niemand kommt mit einem Meisenknödel im Maul zur Tür herein, auch ihre bevorzugten Schlafstellen in Steinhaufen und Baumhöhlen sind verwaist. Der ganze Wald kommt mir leer vor, und ich bin am Boden zerstört – was, wenn meine schlimmsten Befürchtungen schon wahr geworden sind?

Sieben Tage schwebe ich zwischen Hoffen und Bangen. Am achten höre ich unterm Bauwagen laute Geräusche, dann jagt Lotta in Höchstgeschwindigkeit um die Ecke, und im nächsten Moment springt sie mir ohne Rücksicht auf Verluste förmlich ins Gesicht, vor heller Freude laut muckernd. Mit anderen Worten: Sie legt eine formvollendete Marderbegrüßung hin, mit Ablecken und Schmusen und allem, was sonst noch dazugehört. Offensichtlich ist sie nach einer Woche Trennung von unserem Wiedersehen genauso begeistert wie ich. Wegen des Vogelfutters ist sie jedenfalls nicht zurückgekommen, Lotta macht einen wohlgenährten und unversehrten Eindruck, und es beruhigt mich ungemein, dass sie in dieser Woche nicht darben musste, dass sie dort draußen anscheinend bestens klarkommt. Dass sie sich trotzdem wieder bei mir sehen lässt, kann nur einen Grund haben: Zuneigung. Wer es Liebe nennen würde, hätte wohl auch recht.

Was nicht bedeutet, dass es in allen Punkten weitergeht wie bisher. Ein Marder ist ein Marder, Lotta ist Lotta, man muss jederzeit mit allem rechnen, und so gibt es nun zu vermelden, dass sie vom einen Tag auf den anderen ihren Widerstand gegen meine Vorstellungen von Harmonie und Ordnung aufgibt. Mit anderen Worten: Ich darf meine Brennholzscheite wieder einsortieren, die seit fast zwei Monaten Wind und Wetter ausgesetzt am Boden vorm Bauwagen herumliegen. Der Kompromiss, auf den wir uns einigen, lautet: Scheite im Fach aufstapeln – ja; Scheite im Ofen verbrennen – nein, und ich mache mich an die Arbeit. Lottas neue Toleranz erstreckt sich übrigens auch auf Gartenzwerge. Sie ist dem Gartenzwergalter offenbar entwachsen, bekundet jedenfalls keinerlei Interesse mehr an ihren früheren Lieblingstrophäen, und seither haben die überlebenden Zwerge auf ihrem Regalbrett nichts mehr zu befürchten. Sollte tatsächlich mal einer auf der Nase liegen, hat Lotta ihn versehentlich gestreift oder er hat das Gleichgewicht verloren – kaum einer von ihnen steht noch sicher auf zwei Beinen, und einer hat gar keine Beine mehr. Renommieren kann man mit ihnen nicht mehr.

Ich vermute allerdings, dass sie nur ihre Strategie geändert hat. In der Sache bleibt es dabei: Ich soll akzeptieren, dass sie die Chefin ist. Mehr denn je geht es nach ihrem Kopf. Will sie ihre Ruhe, lässt sie sich auf überhaupt nichts ein, bricht sie auf, kann es für unabsehbare Zeit sein. Bisweilen hält sie sich jetzt am Bauwagen auf, ohne sich mir zu zeigen, und dann: Noch im Oktober hat sie reagiert, wenn ich »Keke!« gerufen habe. Sie ist stehen geblieben, hat sich umgeschaut und ist auf mich zugerannt. Jetzt kann ich mich nicht mehr darauf verlassen, und bald wird sie nur noch dann kommen, wenn sie dazu in der Stimmung ist. Mein »Keke« wird sie dann geflissentlich überhören.

Dann wieder ist es wie in alten Zeiten. Ich höre ein Rascheln im Gebüsch, drehe mich um und sehe: Lotta macht Männchen. Im nächsten Augenblick kommt sie angelaufen, wirft sich vor mir auf den Rücken, lässt sich streicheln, greift mit den Vorderpfoten nach meinen Händen, leckt sie ab und freut sich wie verrückt – nur um dieses Spiel plötzlich abzubrechen, wieder ernst zu werden und mir die kalte Schulter zu zeigen. Eigentlich hat sich also gar nichts geändert. Lotta ist so unberechenbar wie immer.

Ich meinerseits stelle mich jeden Tag etwas besser auf sie ein. Mittlerweile verstehe ich mich zum Beispiel darauf, ihren alten Geruch von ihrem frischen zu unterscheiden, und weiß, ob sie vor Stunden an einem bestimmten Ort gewesen ist, oder ob sie sich gerade in diesem Augenblick dort aufhält. Aufgrund des Geruchs kann ich aus einiger Entfernung bereits sagen, dass sie in einem bestimmten Geröllhaufen, einer bestimmten Baumhöhle liegt, greife dann manchmal rein, um mich zu überzeugen, und stoße immer auf etwas Weiches – auf Lotta. Und sie erschrickt nicht! Ihr Kopf geht hoch, ihre Nase beschnuppert im Dunkeln meine Hand, ihre Zunge leckt mir die Finger, und schließlich legt sie ihren Kopf in meine Handfläche. Aber ich will nicht stören. Ich will auch nicht länger als nötig mit meinem Arm in einem Steinhaufen herumsitzen, also ziehe ich ihn wieder raus, und Lotta schläft einfach weiter.

Man könnte unsere Beziehung so beschreiben: Wir sind nach wie vor in Kontakt, aber auf eine weniger dramatische, fast möchte ich sagen: eine selbstverständlichere Art. Was daran liegen könnte, dass wir uns nach neun gemeinsamen Monaten inzwischen blind verstehen.

Weil Lotta mich in alle Facetten ihres Marderlebens einbezieht, lerne ich durch sie unwahrscheinlich viel – speziell über Marder, aber auch über das Leben wilder Tiere im Allgemeinen. Dieses Leben geht gleich vor meiner Bauwagentür los, und die erste Erkenntnis lautet: Obwohl sich hier Beutegreifer und Beutetiere auf engstem Raum tummeln, herrscht in meinem kleinen Reich keineswegs Mord und Totschlag.

Man sollte doch meinen, Marder und Singvögel wären einander nicht grün. Man sollte meinen, Eichhörnchen würden alle Orte meiden, an denen jederzeit Marder aufkreuzen können. Aber Tatsache ist: Ich werde tagtäglich Zeuge der friedlichsten Koexistenz von Mardern, Vögeln und Eichhörnchen. Da schläft Lotta unterm Bauwagendach, und einen Meter weiter fressen Eichhörnchen seelenruhig in meinem Vogelfutterhaus. Die Geräusche auf dem Dach verraten mir, was Lotta gerade macht, und in diesem Fall steht sie auf, schüttelt sich und legt sich wieder hin. Das heißt: Der Marder riecht das Eichhörnchen, das Eichhörnchen riecht den Marder, aber sonst geschieht nichts – das Eichhörnchen weiß: Der ist nicht auf der Jagd, und der Marder denkt sich: Das Eichhörnchen kann mir gestohlen bleiben, ich schlafe um diese Zeit.

So funktioniert die Natur. Was für ein Unsinn, zu glauben, Beutetiere würden in permanenter Todesangst leben. Meine Erfahrung ist: Kein potenzielles Opfer scheint sich durch Lotta gestört zu fühlen. Es sind so viele Vögel da wie immer, auch die Eichhörnchen zeigen sich in den üblichen Mengen, und nicht einmal die Mäuse überlegen lang, wenn eine Nuss vom Vogelhäuschen runter auf den Boden fällt – nein, keiner regt sich hier wegen eines Marders groß auf. Den besten Grund dazu hätten die Mäuse. Die eine oder andere hat auch schon dran glauben müssen, denn Lotta verzichtet keineswegs darauf, im engeren Umkreis des Bauwagens zu jagen – wenn sie Hunger haben, nutzen Wildtiere grundsätzlich jede Möglichkeit, Beute zu machen, und wenn Lotta Hunger hat, sollte bei Mäusen wirklich Panik angesagt sein.

Lotta ist ja keine Heilige. Wie oft habe ich ihr beim Jagen zugeschaut ... Gerade noch hatte sie sich mir von ihrer bezauberndsten Seite gezeigt, aber kaum ging's ans Beutemachen, war alles Bezaubernde an ihr verflogen, und Lotta verwandelte sich in eine unerbittliche Jägerin, die schnell und präzise tötet. Wer Mardern bei der Jagd zusieht, könnte sogar den Eindruck von besonders leidenschaftlichen Jägern gewinnen, weil ihre Bewegungen extrem ungestüm wirken – sie schlagen mit großer Entschiedenheit und Wucht zu, sie kommen wie der berühmte Blitz aus heiterem Himmel über ihre Opfer. Wahr ist: Ein Marder ist ein ziemlich kleines Tier, das im Verhältnis zu seiner Körpergröße ziemlich große Tiere erbeutet, und um erfolgreich zu sein, muss er vollen Einsatz zeigen. Ein Fuchs würde einmal kurz zubeißen, und der Fall wäre erledigt – dessen Jagdverhalten wirkt natürlich deutlich gemütlicher als Lottas.

Aber selbst wenn sie Hunger hat, mutiert Lotta nicht zum Schrecken des Bauwagens. Ich beobachte, wie sie das Vogelhaus anpeilt und draufzuläuft, selbstverständlich in der Absicht, einen Vogel zu erbeuten. Also Lebensgefahr für die Tannenmeise, die dort gerade pickt – und was macht sie? Flattert im letzten Moment auf, lässt sich einen Meter weiter auf einem Ast nieder, und kaum hat Lotta das Vogelhaus enttäuscht verlassen und ist resigniert unterm Bauwagen verschwunden, kommt die Tannenmeise zurück und frisst weiter.

Nein, man lässt sich in der Tierwelt nicht verrückt machen. Man ist auf der Hut, verliert aber nicht den Kopf – ein Vogel weiß, was zu tun ist, und bewahrt auch dann die Nerven, wenn gleich nebenan ein Marder zugange ist. So geht man in der Natur mit Gefahren um. Nur wir Menschen bilden uns ein, die Vogel- und Eichhörnchen- und Mäusewelt vor diesem grausamen Jäger schützen und für den großen Frieden im Wald sorgen und zu diesem hehren Zweck Marder schießen zu müssen …

Ein letztes Beispiel dafür, wie wild lebende Tiere mit Gefahren umgehen: Alle Marder meiden freie Flächen. Auf unseren gemeinsamen Spaziergängen ist Lotta mir nie gefolgt, wenn ich von einem Waldstück zum anderen über eine offene Wiese oder eine Lichtung gelaufen bin, auch wenn die freie Fläche lediglich ein Feldweg von drei Metern Breite war. Wenn es sich einrichten ließ, ist sie seitlich im Schutz von Blättern und Buschwerk um die Freifläche herumgelaufen, und solche Vorsichtsmaßnahmen waren für sie von Anfang an selbstverständlich. Deckung suchen, um Angriffe aus der Luft auszuschließen – dieser Impuls gehört zur Grundausstattung von Mardern, und genauso wie auf Rauch und Feuer reagiert Lotta auch auf offenen Himmel mit einem angeborenen Reflex.

Dieser Reflex setzt aber aus, sobald die Dämmerung einsetzt! Plötzlich lösen freie Flächen kein Unbehagen mehr aus, und kaum ist es dunkel geworden, läuft Lotta munter über Wiesen und Wege! Offensichtlich findet sie den Schutz, den die Nacht bietet, völlig ausreichend, als wüsste sie, dass bis zum nächsten Morgen kein Angriff aus der Luft zu erwarten ist. Man sieht daran, wie realistisch wilde Tiere Risiken kalkulieren. Ist die Bedrohung minimal, werden die entsprechenden Vorsichtsmaßnahmen ganz aufgehoben, und mit einem Mal gilt als unbedenklich, was unter anderen Umständen gefährlicher Leichtsinn wäre.

Lotta kennt den Wald besser als ich. Sie weiß, wo die ergiebigsten Jagdgründe liegen, und zeigt sie mir. Es wimmelt dort tatsächlich von Mäusen, und ich komme zu außergewöhnlichen Fotos.

In einem ihrer Jagdreviere fallen mir Fliegenpilze auf, die Bissspuren von Mäusen aufweisen. Ich komme ohne Lotta zurück, lege mich mit der Kamera auf die Lauer und warte. Das geht drei Tage so, dann habe ich Glück: Eine Rötelmaus verlässt ihren Bau, bezieht auf einem Fliegenpilz Stellung und beginnt dort oben mit ihrer Fliegenpilzmahlzeit. Ein seltenes Bild, und ein aufschlussreiches, denn es bestätigt meine Beobachtung, dass verschiedene Tiere Fliegenpilze genießbar finden und in großen Mengen verspeisen, Eichhörnchen zum Beispiel. Lotta gehört aber nicht dazu. Steinpilze knabbert sie sozusagen im Vorübergehen an, aber Fliegenpilze würdigt sie keines Blickes. Letztendlich, muss man sagen, kann sie Pilzen nicht viel abgewinnen. In der Vergangenheit haben meine Marder schon mal Pilze umgestoßen und die Lamellen angefressen; Lotta käme nicht auf die Idee.

Ich staune immer wieder, wie klar und präzise Lottas Vorstellungen sind. Sie weiß genau, was sie will, sie weiß auch genau, was ihr schmeckt bzw. nicht schmeckt. Eines Tages kommt sie mit einer erbeuteten Ratte im Maul zum Bauwagen. Ratten fallen für Marder unter Großwild, Lotta ist entsprechend stolz und präsentiert ihren Fang, aber als es ans Fressen geht, verlässt sie der Appetit. Nach einigem Zögern öffnet sie die Ratte zwar, rührt das Fleisch dann aber doch nicht an – Ratte schmeckt einfach nicht. Wusste sie das nicht vorher? Wollte sie es auf einen letzten Versuch ankommen lassen? Oder war der Ehrgeiz des leidenschaftlichen Jägers mit ihr durchgegangen, als sie die Ratte erlegte? Ich sehe jedenfalls kommen, dass ich auf meinen letzten Ratten in der Tiefkühltruhe sitzen bleiben werde. Ich sollte überhaupt keine mehr bestellen.

Ende November fällt der erste Schnee dieses Winters. Ich gelange nur noch mit Schneeschuhen zum Bauwagen. Die Herrlichkeit ist allerdings schnell wieder vorbei: In Bodenmais erreicht die Schneedecke gerade mal dreißig Zentimeter, und eine Woche später ist kaum noch etwas übrig.

Der Schnee verhilft mir immerhin zu zwei interessanten Erkenntnissen. Die erste betrifft Lotta. Ich entdecke nämlich ihre Losung im Schnee, und zwar in der Spur, die ich hinterlasse, wenn ich von der Straße zum Bauwagen gehe. Das heißt: Sie hat dort markiert, weil sie meinen Trampelpfad als ihre Reviergrenze ansieht. Wo diese Grenze verläuft, bestimme also immer noch ich. Wo ich unterwegs bin, ist auch Lottas Gegend, und wo ich ins Auto zu steigen pflege, endet auch ihr Revier. Damit habe ich den Beweis, dass Lotta tatsächlich keinen Unterschied macht: Ihr Reich ist mit meinem deckungsgleich.

Die zweite Erkenntnis betrifft meine anderen Marder. Seitdem Schnee liegt, kann ich mir ein klareres Bild von ihrer Anwesenheit und ihren Wegen machen und stelle fest, dass viele Spuren in die Richtung der ersten Häuser führen. Und wieder zurück. Das bedeutet: Sie suchen die Siedlung auf, haben sich auch bestimmt schon für das eine oder andere Haus entschieden, haben den einen oder anderen Schuppen für sich entdeckt, kehren aber immer wieder zurück. Beteiligt sich auch Lotta an solchen Ausflügen in die Zivilisation?

Die Spuren geben darüber natürlich keine Auskunft, aber ich habe noch nie beobachtet, dass sie vom Bauwagen aus in Richtung Siedlung gelaufen wäre. Auch wenn sie von einem Ausflug zurückkommt, läuft sie stets durch den Wald auf den Bauwagen zu. Ich bin mir also ziemlich sicher, dass es Lotta nicht nach einem Zusammenleben mit Menschen gelüstet – genauso wenig übrigens wie Hysteria, die sich bei ihrer Entscheidung für den Wald allerdings Lotta zum Vorbild genommen haben dürfte. Die restlichen vier scheinen sich aber zum Umzug in die Siedlung entschlossen haben. Das wäre nichts Außergewöhnliches, auch Marder kalkulieren. Sie wissen: Wo Menschen sind, gibt's für sie ein warmes Zuhause, da gibt's auch Nahrungsreste, und was Mäuse angeht – die ballen sich in den Städten, nicht im Wald. Wer sich für den Wald entscheidet, wird's auf jeden Fall schwerer haben.

Natürlich ist auch die Menschenwelt für Marder nicht ohne. Dort erwarten sie zum Beispiel Hunde und Katzen. Ich bin aber sicher, dass Haustiere für Marder keine Gefahr darstellen. Vor größeren Hunden müssten sie sich wohl in Acht nehmen, aber es dürfte einem Hund schwerfallen, einen Marder zu erwischen; das ist so gut wie ausgeschlossen, da müsste der Marder schon sehr unvorsichtig sein. Im Übrigen: Ein Marder ist kein Meerschweinchen. Der ist wild, und welcher Hund möchte mit der Wehrhaftigkeit eines Marders Bekanntschaft machen?

Katzen wiederum braucht ein erwachsener Steinmarder überhaupt nicht zu fürchten – im Gegenteil: Hauskatzen müssen sich vor Mardern hüten. Mein Tierarzt in Viechtach kann ein Lied davon singen; er bekommt immer wieder Katzen zu Gesicht, deren Verletzungen vom Kampf mit einem Steinmarder herrühren – in etlichen Fällen hat der Besitzer der Katze den Kampf sogar beobachtet. Meistens, sagte er, befinden sich die Verletzungen am Hinterteil der Katze, das heißt: Die Katze war chancenlos und befand sich bereits auf dem Rückzug. Die meisten Katzen dürften sich einem Kampf mit einem Steinmarder aber gar nicht erst stellen, wobei – um Missverständnissen vorzubeugen – Katzen auch nicht ins Beuteschema von Mardern passen.

Nein, die Gefahren in der Siedlung gehen allein vom Menschen aus. Manche Dinge sind gar nicht als Marderfalle gedacht, wirken sich aber trotzdem so aus, Regentonnen und Swimmingpools zum Beispiel. Ungestüm, wie Marder sind, springen sie rein, kommen nicht wieder raus und ertrinken. Viel häufiger aber werden sie als Eindringlinge und Störenfriede gezielt bekämpft. Sobald ein Marder ans Auto geht, ist es mit der Tierliebe vorbei, dann ist nur noch ein toter Steinmarder ein guter Steinmarder, und das Internet ist eine Fundgrube für Leute, die »ihren« Marder loswerden wollen. Auf den einschlägigen Seiten kann man nachlesen, wie kreativ die Leute werden, wenn's ums Töten von Mardern geht.

Einer meiner sechs Marder hat sich übrigens für einen dritten Weg entschieden – auch das verraten mir die Spuren im Schnee. Er interessiert sich für einen Stall, etwa 800 Meter entfernt. Es gibt dort eine Wiese mit einem Unterstand fürs Vieh und einem Heuboden, und wenn ich die Spuren richtig deute, zieht es ihn regelmäßig dorthin; er scheint dort auch häufig zu schlafen. Auch dieser hat sich also ein Gebäude ausgesucht, aber eins, wo ihm Menschen kaum in die Quere kommen.

Am letzten Tag des Monats entdecke ich auch bei mir am Bauwagen Marderschäden. Ich frage mich nämlich schon seit Längerem, wieso das Holzdach bei Regen so nass wird – hatte ich es nicht mit absolut dichter, hundertprozentig wasserundurchlässiger Teichfolie überzogen? Ja, hatte ich. Aber als ich mir jetzt eine Leiter nehme und hochsteige, trifft mich der Schlag – was haben meine sechs Marder in den letzten Monaten hier oben gewütet! Die Teichfolie sieht aus wie ein Schweizer Käse. Offenbar waren sie immer unter der Teichfolie unterwegs, aber es reichte ihnen nicht, von der Seite unter die Folie zu schlüpfen, sie brauchten Quereinstiege, und die haben sie sich natürlich selbst gemacht, das heißt: Sie haben so lange an der Teichfolie herumgerissen und herumgebissen, bis sie ungefähr zwanzig Öffnungen hineingefräst hatten. Ich fasse es nicht – ein Bild der Verwüstung! Und wer taucht in diesem Moment neben mir auf? Wer fragt sich, was ich da oben überhaupt verloren habe? Lotta. Sie sitzt da und schaut mich an und ist sich offenkundig keiner strafbaren Handlung bewusst.

Was soll ich machen? Neue Teichfolie kaufen? Nein! Jetzt wird Dachpappe verlegt und mit Teer überstrichen. Als ich endlich fertig bin, ist es spätabends, fast schon Nacht. Ein letztes Mal erklimme ich die Leiter, um mein Werk in Augenschein zu nehmen, da sehe ich Lotta, wie sie in der Dunkelheit das Dach abschreitet und alles kontrolliert. Man glaubt es nicht! Nach wie vor ist sie überzeugt, dass alles, was am Bauwagen geschieht, auch sie angeht, und jetzt läuft sie da oben rum, ohne sich am frischen Teer zu stören. Ob sie Inspektionen im Bauwagenbereich für ihr gutes Recht hält oder sogar für ihre Pflicht – ich weiß es nicht. Auf jeden Fall hätte sie keine Ruhe, wenn sie nicht wüsste, was vor sich geht.

Dezember

Der Schnee ist schon wieder weg. Den ganzen Dezember über haben wir ungewöhnlich milde Temperaturen, auch zu Weihnachten wird es keinen Schnee geben.

Zu dieser Jahreszeit sitze ich gern allein im Bauwagen, heize mir gemütlich ein und höre Radio. In diesem Jahr bleibt der Ofen mit Rücksicht auf Lotta kalt, aber irgendwann greife ich nach meiner Gewohnheit zum Radio und schalte es ein. Es ist eine gedankenlose Aktion, denn eigentlich habe ich mir geschworen: keine fremden Stimmen im Bauwagen! Insgeheim fürchte ich ja immer noch, Lotta könnte nach all der Zeit mit mir ihre Menschenscheu verloren haben und Fremden genauso vertrauensselig begegnen wie mir – aber wie viele Menschen freuen sich über einen Steinmarder, der sie freundlich begrüßt und gestreichelt werden möchte? Deshalb kommt es gar nicht infrage, dass mich Bekannte zum Bauwagen begleiten. Auch das Radio bleibt aus, damit sich Lotta nicht an den Klang fremder Stimmen gewöhnt und dem Irrtum verfällt, Menschen wären harmlos. Aber jetzt ist es geschehen.

Lotta inspiziert gerade mal wieder den Bauwagen, als ich das Radio einschalte. Eine Sprecherstimme ertönt, und Lotta erstarrt, richtet sich dann kerzengerade auf, fixiert das Radio und rast im nächsten Moment durch den Türspalt ins Freie. Panik. Die Stimme eines anderen Menschen reicht, und Lotta weiß: Lebensgefahr – nicht weniger bedrohlich als ein Waldbrand! Kein Zweifel, sie unterscheidet nach wie vor zwischen meiner Stimme und der irgendeines anderen Menschen.

Tage später schalte ich das Radio in ihrer Gegenwart noch einmal ein, diesmal als absichtliches Experiment – ich will ihre Reaktion mit dem Handy filmen. Eine andere Sprecherstimme ertönt, und jetzt nähert sich Lotta vorsichtig dem Radio, betrachtet das Gerät, legt ihren Kopf irritiert mal auf die eine, mal auf die andere Seite, fragt sich womöglich, welche Verbindung zwischen der Stimme und diesem merkwürdigen Kästchen besteht, dreht sich dann aber doch plötzlich um und schießt wieder zur Bauwagentür hinaus.

Damit ist erwiesen, dass Lotta menschliche Stimmen grundsätzlich unerträglich findet; sie wird also niemals die Nähe anderer Menschen suchen. Wiederholen darf ich dieses Experiment natürlich nicht, sonst gewöhnt sie sich womöglich dran, an Stimmen wie an Musik, und büßt ihren Fluchtreflex ein. Sie soll aber Angst davor haben – auch auf einem Open-Air-Konzert ist ein Marder nicht unbedingt willkommen.

In diesem Winter fällt also nicht nur der Ofen aus, auch Radiohören ist tabu. Ich habe den Bauwagen ja noch nie mit einem Marder geteilt und muss erst meine Erfahrungen machen – was geht unter diesen Bedingungen, und was verbietet sich? Meine menschlichen Bedürfnisse kommen dabei eindeutig zu kurz, aber das ist der Preis für meine Affäre mit Lotta. Am schwersten fällt mir der Verzicht auf geselliges Zusammensein mit Freunden, auf gemeinsame Nachmittage oder feuchtfröhliche Nächte im Bauwagen.

Für mich ist das ein gesellschaftliches Problem. Ich bin auf dem besten Weg, zum Marder zu werden – zum Einzelgänger hat mich Lotta schon gemacht. Seit einem halben Jahr besucht mich niemand mehr im Bauwagen. Im Juli war kurz ein Filmteam da, das nicht weiter gestört hat, weil meine Marder damals noch klein waren, aber seither habe ich alle Termine abgesagt, und selbst für meine besten Freunde gilt: Betreten des Bauwagengeländes verboten! Menschenfreie Zone – auf Wunsch einer einzelnen Marderdame.

Deren Wünschen und Launen ich mich allerdings nur allzu gern beuge, denn offen gesagt: Was ich mit ihr erlebe, kann man in keinem Tierbuch lesen. Es sind Exklusiverfahrungen – nur möglich, weil ein wildes Tier sich in den Kopf gesetzt hat, sein Leben mit mir zu teilen. Wie lang das noch so gehen soll? Ich hoffe, lange. Sehr lange.

An den einsamen Winterabenden im stillen, kalten Bauwagen finde ich Zeit zum Nachdenken. Was für ein seltsames Jahr auf der Grenze zwischen Marder und Mensch!

Tatsächlich ist mein Leben als Mensch seit dem 29. März dieses Jahres in den Hintergrund geraten, und wenn ich in Gedanken zurückgehe, tauchen vor meinem inneren Auge hauptsächlich Marder auf, kleine, heranwachsende, später ausgewachsene Steinmarder. Drei davon habe ich selbst großgezogen, sechs habe ich ausgewildert. Bis Oktober waren sie alle – mal einzeln, mal in Grüppchen – hier auf meinem Grundstück unterwegs. Drei von ihnen haben im November das Weite gesucht, die übrigen drei sind geblieben, haben sich unterm Bauwagendach eingerichtet, haben sogar oft noch wie Jungtiere auf einem Haufen zusammengelegen. Sie hielten sich wohl für Geschwister, waren jedenfalls extrem verschmust und ließen dieses wohlige Schnurren hören, wenn sie beieinanderlagen. Durch das dünne Wohnwagendach hindurch bekam ich ja alles in Form von Geräuschen mit und wusste, wann sie sich gegenseitig ableckten oder miteinander spielten oder sich mal stritten.

Später nahmen die Streitereien zu, und jetzt im Dezember hat sich auch der vierte meiner Marder still und heimlich verdrückt. Damit sind Lotta und Hysteria nun unter sich, wenn man von mir absieht. Die beiden unternehmen gelegentlich immer noch gemeinsame Streifzüge, aber ihre Beziehung hat sich gelockert, und selbst in den kältesten Nächten schlafen sie jetzt nicht mehr beisammen. Als Mensch würde man sagen: Wir müssen uns gegenseitig wärmen, wir verschieben unsere Differenzen auf den Frühling, aber nein – wenn sie am Bauwagen sind, schläft die eine in der Voliere, die andere auf dem Dach; der Kuschelhaufen gehört der Vergangenheit an. Selbst diese beiden, die sich so gut verstehen, gehen allmählich auf Distanz zueinander.

Wenn ich die vergangenen Monate Revue passieren lasse, finde ich: Es spricht einiges dafür, dass bei Lotta und den anderen Gefühle im Spiel waren bzw. immer noch sind, Gefühlsregungen wie Sympathie, Freundschaft, aber auch Gleichgültigkeit. Wenn drei relativ schnell ihrer Wege gehen, während die anderen drei noch zusammenbleiben, dann könnte es doch sein, dass die einen mit den übrigen nicht viel anfangen können und die Zweckgemeinschaft deshalb bei der erstbesten Gelegenheit verlassen, die anderen sich aber zueinander hingezogen fühlen und deshalb die Nähe der anderen suchen? Haben diese drei Gemeinsamkeiten entdeckt? Oder brauchen sie einander aus praktischen Gründen? Profitieren sie voneinander oder haben sie vielleicht ihren Spaß miteinander?

Nehmen wir die beiden dicken Freundinnen Lotta und Hysteria. Noch am 22. Dezember begegnen sie mir in der Nähe des Bauwagens. Lotta will gleich zu mir, aber Hysteria trödelt, sie zögert, sie bleibt ängstlich auf Distanz, und Lotta sieht sich nach ihr um, macht kehrt, spornt sie an. Ihr Verhalten ist eindeutig – sie kann nicht verstehen, wie jemand so schüchtern sein kann, hat aber Geduld mit Hysteria und gibt ihr zu verstehen: Das ist doch nur der Woife, den kennst du doch, also stell dich nicht so an ... Ganz offensichtlich hat sich hier ein Lehrer-Schüler-Verhältnis entwickelt. Oder ein Verhältnis wie zwischen großer und kleiner Schwester. Jedenfalls lernt die Unsichere und Ängstliche von der Selbstsicheren und Draufgängerischen, und die wiederum tut alles, um der anderen Selbstvertrauen einzuflößen. Sieht das nicht nach Freundschaft aus? Jedenfalls vertraut Hysteria Lotta voll und ganz, und Lotta denkt nicht daran, sie im Stich zu lassen.

Es wäre also gar nicht so einfach, einen Mardersteckbrief auszustellen, der grundsätzlich auf alle zutrifft. Wenn da zum Beispiel »Einzelgänger« stände, träfe das auf erwachsene Steinmarder tatsächlich zu, aber im Alter von Hysteria und Lotta scheinen Gefühle, Charakter und Temperament noch Einfluss auf das Sozialverhalten zu haben, und der geborene Einzelgänger kann im frühen Erwachsenenstadium durchaus ein geselliges oder anhängliches Wesen an den Tag legen. Ich bin mir jedenfalls sicher, dass diese jungen Marder füreinander Sympathien und Antipathien empfinden.

Geborener Einzelgänger ... Ich kann mir Lotta kaum als Einzelgängerin vorstellen. Dabei weiß ich, dass auch sie sich früher oder später verwandeln wird. Das Einzelgängertum ist die Lebensweise und damit das Schicksal aller Steinmarder; die Natur wird bei Lotta keine Ausnahme machen. Umso mehr empfinde ich alles, was ich bisher mit ihr erlebt habe, als ein Wunder. Als das schönste Geschenk, das die Natur mir je gemacht hat. Das Jahr geht zu Ende, und Lotta ist immer noch da – das übertrifft alle meine Erwartungen. Es ist fast zu schön, um wahr zu sein. Sicher, auch Hysteria ist noch da, aber nur, weil sie sich ohne Lotta den Herausforderungen der Wildnis nicht gewachsen fühlt. Sie braucht eine Beschützerin.

Aber auch mit Lotta ist es jetzt nicht mehr ganz so wie früher. Die Lust an wilden Spielen ist ihr vergangen; worauf sie aber nicht verzichten möchte, ist meine Zuneigung. Sie kommt dann an, legt sich hin, lässt sich streicheln und den Bauch kraulen, macht den einen oder anderen Freudenhüpfer, geht danach aber rasch zur Tagesordnung über – ihr reicht der Beweis, dass ich nach wie vor »mitspiele«, dass wir immer noch zusammengehören.

Was sie von Anfang an geliebt hat, macht sie auch jetzt noch: Sie kneift meine Augenlider zur Begrüßung mit den Zähnen zusammen. Das ist eine Marotte von ihr, aber ungefährlicher, als es aussieht, weil sie ganz behutsam dabei vorgeht. Und was ihr die gleiche Freude wie eh und je macht: bei einer zufälligen Begegnung im Wald auf meinen Arm springen, sich reinkuscheln und die Stille, die Geborgenheit, das bloße Bei-mir-Sein genießen. Ich gestehe: Die Innigkeit dieses Augenblicks, der wenige Minuten oder auch ganze Stunden währen kann, versetzt mich in eine andere, verzauberte Welt.

Manchmal werden wir gestört, durch einen Schuss, eine menschliche Stimme oder Kindergeschrei, das von einem Waldweg herüberschallt. Solche Geräusche reißen Lotta sofort aus der glückseligen Trance, in der sie sich befindet. Jeder Knall und alles, was an Tönen von außen hereindringt, ist für sie das Zeichen, augenblicklich zu verschwinden. Sie kommt dann auch nicht mehr zurück. Eine Fortsetzung wird es an diesem Tag nicht geben. Auf ein Wiedersehen werde ich bis morgen warten – oder mich eine ganze Woche lang gedulden müssen.

Lotta lässt mir übrigens genug Zeit für das Fotografieren anderer Tiere. Ich laufe ja nicht zwölf Stunden am Tag mit der Kamera hinter ihr her. Sie verschwindet in einem Dickicht, und dann ist sie weg, vielleicht für Tage, wenn ich Pech habe für Wochen. In dieser Zeit setze ich mein normales Leben fort, und wenn keine Wanderungen mit Besuchergruppen anstehen, wenn keine Vorträge zu halten sind, fotografiere ich andere Tiere.

Aber Lotta beeinflusst mich selbst dann. Weil ich Fotos aus ihrer Perspektive machen will, bewege ich mich auf allen vieren oder lege mich gleich flach auf den Boden. Ich muss sagen: Ich bin noch nie so viel auf dem Waldboden herumgekrochen, ich habe noch nie so viele Stunden hintereinander auf der Erde gelegen wie in diesem Jahr. Aber es lohnt sich.

Zum Glück hat's seit dem ersten Schneefall im November nicht mehr geschneit, und das Erdloch, dem ich bereits eine Rötelmaus und eine Waldspitzmaus verdanke, ist frei. Es liegt gleich neben einem Steinhaufen, den Lotta gern aufsucht, aber die ist mal wieder verschwunden, jetzt spekuliere ich auf Mäuse – und werde für meine Geduld belohnt: Eine Spitzmaus kommt heraus. Und zwar eine, die ich noch nie gesehen habe. Ich bin irritiert. Mit den dunklen Ringen um ihre Augen kommt sie mir wie eine kranke Waldspitzmaus vor. Ich mache meine Fotos, schaue hinterher im Internet nach und stelle fest: Ich hatte eine Begegnung mit einer Alpenspitzmaus! Einem ganz seltenen Tier, das einer gefährdeten Art angehört und nur noch stellenweise anzutreffen ist.

Ich hatte keine Ahnung, dass sie in unserem Gebiet vorkommt – achtzig Meter vom Bauwagen entfernt! Es ist eine tolle, beinahe sensationelle Sichtung, denn selbst das Internet gibt sich beim Thema Alpenspitzmaus wortkarg: Ihre Lebensweise sei wenig erforscht, heißt es. Ihr Verbreitungsgebiet seien Mittel- und Hochgebirge von Spanien bis Rumänien, die Alpen, die Karpaten, aber auch da mache sie sich inzwischen rar, und mittlerweile stehe sie auf der Roten Liste der stark gefährdeten Arten.

Dabei hat sie vermutlich kaum natürliche Feinde. Die Alpenspitzmaus wird einen unangenehm strengen, muffigen Geschmack haben. Lotta wird ihre kleine, vom Aussterben bedrohte Nachbarin jedenfalls leben lassen. Ich habe sie schon dabei beobachtet, wie sie ein paar schnelle Schritte auf eine Spitzmaus zumachte, dann innehielt und sich abwandte – danke, kein Interesse, ungenießbar und für eine Trophäe zu mickrig. An Lotta wird es also nicht liegen, wenn die Alpenspitzmaus eines Tages der Vergangenheit angehören sollte.

Gelegentlich werde ich in Interviews oder von Besuchern nach meinem Lieblingstier gefragt. In der Vergangenheit lautete meine Antwort stets: Ich habe keines, ich liebe sie alle, die Kreuzotter genauso wie den Rothirsch.

Jetzt, in den ruhigen Tagen zwischen Weihnachten und Silvester, kommen mir Zweifel. Mir wird klar, dass diese Antwort nicht mehr der Wahrheit entspricht. Es stimmt, ich liebe sie alle, aber in Zukunft wird meine Antwort so lauten: Mein Herz gehört den Mardern. Sie sind tatsächlich meine Lieblingstiere. Wahrscheinlich auch deshalb, weil ich Marder durch Lotta inzwischen besser verstehe als alle anderen Tiere. Es kommt mir aber auch so vor, als gäbe es eine Art Ursympathie zwischen ihnen und mir. Als hätten sie etwas an sich, das mich im tiefsten Inneren berührt.

Mir fällt Sammy ein. Vielleicht ist er schuld, jedenfalls war er der erste: Kurz, bevor meine Mutter starb, bekam ich ihn von einem Freund geschenkt. Sammy war kein Marder, er war ein Frettchen, aber wie Iltis und Wiesel gehören auch Frettchen zu den Marderartigen, und obwohl ich mir keineswegs ein Frettchen gewünscht hatte, nahm ich dieses Tier an mich. So hat es angefangen, und dabei ist es geblieben – der Zufall spielt mir ein Tier zu, und ich kann nicht Nein sagen.

Und dieses Frettchen wurde nach dem Tod meiner Mutter innerhalb kürzester Zeit zu meinem besten Freund. Ich verstand dieses Tier beinahe auf Anhieb. Wenn es spielte und gerade den größten Spaß hatte, keckerte und muckerte es wie Lotta, es drückte Behagen und Lebensfreude auf die gleiche Weise aus wie sie, und wenn mich in dieser traurigen Zeit etwas trösten konnte, dann war es Sammy mit seinem leidenschaftlichen Charakter und seiner stürmischen Art, seiner Lust, seiner Begeisterung Luft zu verschaffen. Sammy war unwiderstehlich, und bis heute kann ich der bisweilen überdrehten, in jedem Fall aber mitreißenden Vitalität von Mardern nicht widerstehen. Das Leben ist schön, und es will in vollen Zügen genossen werden – so lautet ihre Botschaft, und ich kann nicht anders, ich muss ihnen recht geben.

Januar

Den ganzen Januar über fällt kein Schnee – sehr ungewöhnlich. Wann hat es das letzte Mal einen schneelosen Jahresbeginn in Bodenmais gegeben? Ich erinnere mich nicht. Der Bayerische Wald war bisher für seine harten, schneereichen Winter bekannt, und jetzt haben wir ein Wetter wie im Oktober.

Lotta und Hysteria sind immer noch da. Das heißt, sie lassen sich von Zeit zu Zeit am Bauwagen sehen, einzeln oder gemeinsam, kleben aber nicht mehr aneinander. Anfang Januar fällt mir auf, dass sich Hysteria zum ersten Mal für längere Zeit gar nicht mehr blicken lässt. Offenbar keimt ihn ihr jetzt doch etwas Lebensmut auf.

Mit wachsender Selbstständigkeit geht aber auch Lotta zu mir immer mehr auf Distanz. Nach wie vor steht ihr die Bauwagentür offen, aber sie kommt immer seltener herein, und wenn, dreht sie nur noch eine kurze Runde, schaut sich prüfend um und schlüpft gleich wieder ins Freie. Im Bauwagen schlafen kommt für sie gar nicht mehr infrage; das Nickerchen in der Couch-Schublade gehört endgültig der Vergangenheit an – so was macht man, wenn man klein ist. Gottlob ist ihr jetzt auch das Chaos nicht mehr heilig.

Plötzlich kann ich meinen Filzhut absetzen, und er bleibt an der Stelle, an der ich ihn abgelegt habe. Ich kann mein Handy auf dem Tisch deponieren, und zwei Stunden später liegt es immer noch da. Anfangs fällt mir das gar nicht auf, aber irgendwann stutze ich und denke: Was ist los – Lotta ist im Raum, und dein Taschentuch ist noch da! Selbst die

Handyhülle, die ich ihr geschenkt habe, die also ihr gehört und mit der sie sich noch im Dezember stundenlang beschäftigen konnte, liegt nur noch unbeachtet herum. Aber so ist das: Mit dem Spielen ist es vorbei, wenn ein Marder in der Natur seine Mutter verlassen würde, und von heute auf morgen ändert sich sein Verhalten.

Einmal schießt Lotta in heller Aufregung unter dem Bauwagen hervor und rast an mir vorbei einen der seitlichen Stützpfosten hoch. Im letzten Moment bekomme ich mit, dass sie eine Tannenmeise im Maul hat; die will sie also gleich in Sicherheit bringen, und da ist das Bauwagendach das nächstliegende Refugium. Die Zeiten, als sie mir ihre Beute präsentierte, sind also auch vorbei. Die Jagd ist für sie etwas Selbstverständliches geworden, und genauso selbstverständlich findet sie es, ihre Beute umgehend in Sicherheit zu bringen, an einen Ort, an den ihr keiner folgen kann. Teilen ist nie Lottas Stärke gewesen.

Was hat es dann zu bedeuten, dass sie mich eines Morgens mit einer Maus bewirft? Ich will gerade die Bauwagentür aufsperren und schaue kurz hoch, weil ich sie auf dem Dach laufen höre, da fliegt mir eine tote Maus ins Gesicht, tropft ab und fällt zu Boden – Lotta beobachtet die Szene von oben und blickt mich mit leicht verdrehtem Kopf fragend an. Kein Zweifel, sie will mir mit dieser Aktion irgendetwas sagen, aber was? Ein Geschenk ist diese Maus jedenfalls nicht, denn, wie gesagt – was sie erbeutet hat, gehört ihr, daran darf sich kein anderer vergreifen, und auch diesmal springt sie im nächsten Augenblick vom Dach herunter und bringt die Maus gleich wieder an sich. Hat sie sich nur einen Scherz erlaubt?

Dass Lotta zunehmend ihre Selbstständigkeit demonstriert, bedeutet jedenfalls nicht, dass wir nun einfach nebeneinanderher leben würden. Nach wie vor lässt sie mich spüren, dass sie auf meine Freundschaft wert legt, wie zum Beispiel an dem Tag, als ich an einem großen Geröllhaufen in ihrem bevorzugten Jagdgebiet vorbeikomme. Ist sie da drin? Der Haufen ist ein lockeres Gebilde, durch die Spalten sehe ich innen tatsächlich etwas Helles vorbeihuschen, und im nächsten Moment zeigt sich in einer Lücke zwischen den Steinen eine Mardernase. Es ist Lotta, es muss Lotta sein, aber eine regelrechte Begrüßung ist unter diesen Umständen nicht möglich, denn der Ausgang muss irgendwo anders sein.

Ich gehe in die Hocke und stecke einen Finger durch den Spalt, da kommen ihre Vorderpfoten heraus, nehmen meinen Finger und ziehen ihn behutsam ins Innere des Steinhaufens, wo er freudig abgeleckt wird. Lotta begrüßt mich also, so gut es die Verhältnisse zulassen – und obwohl sie eigentlich gerade Dringenderes zu erledigen hat, denn nur wenige Sekunden später höre ich aus dem Inneren das typische Quieken einer Maus, gefolgt von den knirschenden Kaugeräuschen, die ein Mardergebiss produziert, wenn es Mäuseknochen zermalmt.

Ich verstehe, dass ihr unser Begrüßungsritual immer noch am Herzen liegt. Dieses Ritual hat eine symbolische Bedeutung, die Lotta offenkundig bewusst ist, und sie pflegt dieses Ritual wie eine lieb gewordene Vereinbarung. Ich finde das erstaunlich. Anscheinend bekommt sie beides problemlos unter einen Hut – ihr Leben als freier, völlig unabhängiger und erfolgreicher Beutegreifer einerseits und ihre aus frühester Kindheit herrührende Gefühlsbindung an ihre menschliche Pflegemutter andererseits. Führt sie eine Art Doppelleben zwischen Wildnis und Zivilisation?

Aber man darf nicht vergessen: Ich bin für sie kein Mensch, und der Bauwagen erinnert bei objektiver Betrachtung nur sehr entfernt an Zivilisation. Eher müsste man sagen, dass Lotta die

Fähigkeit besitzt, sich unbekümmert über alle Zivilisation hinwegzusetzen und allem, was ihr an Zivilisation begegnet, ihren eigenen Stempel aufzudrücken – Fotokameras und Gartenzwergen zum Beispiel. Sie passt sich jedenfalls nicht an. Sie vereinnahmt und beschlagnahmt vielmehr alles für sich, was ihr aus Mardersicht brauchbar und interessant erscheint, nur dass eben auch ein Mensch zu ihren Eroberungen gehört.

Aber noch einmal zurück zu dem Steinhaufen: Ich habe oft den Eindruck, dass Lotta selbst nicht mehr weiß, wie sie in so einen Geröllhaufen reingekommen ist. Manches Mal habe ich schon gedacht: So, Lotta, jetzt hast du dich aber in eine Lage gebracht! Wenn ein Marder etwas will, geht er mit dem Kopf durch die Wand, und einen Eingang entdeckt Lotta immer, aber dann stellt sie fest: Ich befinde mich hier in einem verdammt engen Labyrinth ... und schon geht die Sucherei los – wie komme ich hier wieder raus? Es gibt nämlich nur einen Ausgang, durch den sie passt. Beneidenswerter Leichtsinn! Was ist morgen? Was ist in zwei Minuten? So weit denkt ein Marder nicht; er stürmt drauf los und schaut dann. Dem einen oder anderen wird dieser Leichtsinn wohl schon zum Verhängnis geworden sein.

Würde Lotta die gleiche Anhänglichkeit an den Tag legen, wenn sie mit ihrer leiblichen Mutter aufgewachsen wäre?

Nicht ausgeschlossen. Es ist bekannt, dass Marderjunge zu ihrer Mutter ein außerordentlich enges, inniges Verhältnis haben, und ich beobachte selbst jetzt im Winter noch Stein- und Baummarder, die mit ihren drei Jungtieren unterwegs sind. Bis zum Spätherbst bleiben sie auf jeden Fall zusammen, und das ist eine lange Zeit, verglichen mit Eichhörnchen zum Beispiel. Nach acht oder neun Monaten jagen junge Marder bereits selbst, trotzdem suchen zumindest einige immer noch die Nähe der Mutter – Eichhörnchen würden es nie so lange bei ihren Müttern aushalten.

Das ist die Theorie, und sie beruht zweifellos auf Beobachtung, aber was die Praxis angeht, müssen wir zugeben: Wie viel Empathie, wie viel Zärtlichkeit und Fürsorge bis zum Schluss bei ihnen im Spiel ist, wissen wir nicht. Natürlich kann man Marder in Gefangenschaft beobachten und dann Studien veröffentlichen, aber was besagen sie über das Verhalten von Mardern in freier Wildbahn? Ob Lottas Anhänglichkeit an mich wirklich das gewöhnliche Maß übersteigt, ob sie also tatsächlich die totale Ausnahme ist, lässt sich unmöglich sagen.

Ich denke, dass ihre Verbundenheit mit mir bis in den Winter hinein kein völlig außergewöhnliches Marderverhalten war. Fest steht aber, dass eine Fähe im März erneut Junge bekommt und dass bis dahin der letzte Nesthocker das Weite gesucht haben muss. Ich könnte mir deshalb vorstellen, dass eine Mardermutter spätestens im Januar auch dem anhänglichsten ihrer Kinder Beine machen wird.

Und das ist der Unterschied: Ich setze Lotta nicht vor die Tür. Ich beiße sie nicht weg. In der Natur würde eine Mardermutter jetzt sagen: Lass mich in Ruhe, zieh Leine, werd' endlich erwachsen! Aber ich bin ein Mensch. Ich habe andere Gefühle und bringe es nicht über mich, Lottas Gefühle zu ignorieren. Soll ich sie verscheuchen, mit Steinen bewerfen, um den Gesetzen der Natur Nachdruck zu verleihen? Das kann ich nicht. Lieber erkläre ich unser Verhältnis von nun an zum Ausnahmezustand und genieße diesen Ausnahmezustand, solange er dauert. Eins lässt sich aber jetzt schon sagen: Was ich mit Lotta erlebe, beweist, dass diese impulsiven Steinmarder noch emotionaler sind, als wir bisher gedacht haben.

Februar

Es ist eine Frage, die ich mir noch nie gestellt habe: Wie bewegen sich Steinmarder im Tiefschnee fort? Stellt tiefer Schnee ein Problem für sie dar? Die Frage kommt mir zum ersten Mal in den Sinn, weil ich noch nie im Februar Marder hatte, aber einstweilen ist sie nicht zu beantworten, denn es schneit immer noch nicht. Lotta und Hysteria bewegen sich frei, und Lotta dehnt ihr Revier ständig weiter aus. Manchmal entdecke ich sie 500 Meter vom Bauwagen entfernt, wo ich überhaupt nicht mit ihr rechne – plötzlich zeigt sie sich auf einem Ast über mir, wie um zu sagen: Bis hierhin hab ich's schon geschafft! Ich bin völlig überrascht.

Und müsste erfreut sein. Und bin es auch. Und erlebe trotzdem einen Anflug von Traurigkeit, weil ich weiß: Mit jedem weiteren Schritt in die Unabhängigkeit wird Lotta spröder. Zum Beispiel war es früher so: Wenn ich auf dem Bauwagendach Schritte hörte, bin ich manchmal hochgeklettert, um nachzuschauen. Wenn mich dann zwei Marderaugen aus dem Dunkel anblitzen und weiter nichts geschah, konnte es auf keinen Fall Lotta sein – die wäre sofort auf mich zugestürzt. Mittlerweile aber bleibt selbst Lotta liegen, und alles Locken, alles »Keke!«-Rufen, nützt nichts mehr – wenn sie nicht will, ist sie störrisch wie ein Esel.

Oder: Vorausgesetzt, sie war da, hat sie mich noch im Dezember grundsätzlich begrüßt, sobald ich am Bauwagen eintraf. Im Januar aber konnte ich drei, vier Stunden im Bauwagen sitzen, bevor sie einmal verschlafen hereinschaute, und neuerdings meidet sie das Innere des Bauwagens überhaupt. Sie betritt ihn nicht mehr, sie hält es drinnen nicht mehr aus, der Bauwagen ist für sie regelrecht tabu. Selbst wenn sie mir auf der Schulter sitzt, springt sie herunter, bevor ich den Bauwagen betreten habe, und bleibt stur draußen. Damit ist klar: Sie braucht den Schutz der mütterlichen Wohnhöhle nicht mehr. Diese Wohnhöhle ist ihr nicht einmal mehr geheuer. Sie gehört dort nicht mehr hin. Und immer häufiger schläft sie jetzt draußen, im Wald, in ihren eigenen Baumhöhlen und Geröllhaufen, obwohl zum Beispiel die Volierentür weiterhin Tag und Nacht offen steht.

Mit anderen Worten: Lotta ist ausgezogen. Ich weiß, dass es nicht persönlich gemeint ist. Im Wald kann es nämlich nach wie vor passieren, dass sie mir auf den Arm springt und in die Armbeuge gekuschelt gleich einschläft, und einmal dehnt sie ihren Schlaf bei mir sogar auf volle zwei Stunden aus. Aber sie sucht sich dafür einen neutralen Ort. Das heißt: In meiner Funktion als Mutter habe ich für sie ausgedient. So gesehen kann ich ihr nichts mehr bieten. Tatsächlich braucht sie ja keine Mutter mehr, aber weshalb trennt sie sich dann nicht von mir? Denn auch daran lässt Lotta keinen Zweifel: Sie mag mich trotzdem noch. Sie braucht mich trotzdem noch. Auch wenn dieser Abkoppelungsprozess nach den Gesetzen der Natur verläuft und unvermeidlich ist – für mich macht sie offenkundig eine Ausnahme und setzt unsere Freundschaft fort. Was bedeute ich ihr?

Ich bin hin- und hergerissen. Ist das der Anfang vom Ende? Ist es der Beginn eines langen oder vielleicht auch kurzen Abschieds? Die Zeiten des überschwänglichen Glücks sind jedenfalls vorbei, aber ich weine ihnen nicht nach. Mir ist klar: Was ich mit Lotta erlebt habe, war möglicherweise noch nie einem Menschen vergönnt. Aus nächster Nähe habe ich die Entwicklung eines Marders vom Baby bis zum erwachsenen, selbstständigen, überlebenstüchtigen Tier miterlebt, ich habe diesen Prozess gewissermaßen am eigenen Leib erfahren, weil Lotta mich in jeder Phase in alle Aspekte ihres turbulenten Lebens einbezogen hat – das ist mehr, als ich für möglich gehalten hätte. Und trotzdem …

Dann passiert doch, womit wir kaum noch gerechnet haben: Mitte Februar setzt heftiger Schneefall ein. Es schneit ununterbrochen, und nach zwei Tagen liegt der Schnee achtzig Zentimeter hoch. Wird es so weitergehen? Ich muss unbedingt zum Bauwagen, um das Dach vom Schnee zu befreien, bevor es unter der Last zusammenbricht.

Ich bahne mir meinen Weg durch den weichen, lockeren Schnee und sehe: Alles ist unter Schneemassen verschwunden, auch mein Zaun, nur der Bauwagen raget noch heraus. Merkwürdigerweise finden sich Marderspuren nur direkt am Bauwagen; schon einen halben Meter weiter ist der Schnee unberührt. Das gibt's doch nicht! Lotta und Hysteria werden sich doch nicht damit begnügen, Runden um den Bauwagen zu drehen, und die Mäuse werden ihnen auch nicht direkt unter dem Bauwagen in die Arme laufen. Was haben die beiden in den letzten Tagen denn gefressen?

Ich klettere aufs Dach, fange an zu schaufeln und mache die erste verblüffende Entdeckung: Es verlaufen Tunnel unterm Schnee. Mit jeder Schaufelbewegung lege ich neue Gänge frei, und allmählich wird mir klar: Die Schneedecke ist auf der ganzen Fläche des Dachs ausgehöhlt und von einem Tunnelsystem durchzogen. Es gibt Dutzende von Hauptgängen, die untereinander durch Zwischengänge verbunden sind, und an den Stirnseiten befinden sich die Aus- und Eingänge. Aber die größte Überraschung kommt noch: Ich stoße auf einen Gang, der voller Kot steckt, und lege nach und nach fünf Gänge frei, die eindeutig ausschließlich als Latrinen benutzt wurden. Da haben sie sich eine regelrechte Toilette angelegt! Aber was heißt »sie«? Das kann nur Lottas Werk sein. Hier oben sind zwar keine Mäuse unterwegs, diese Gänge werden nicht für die Jagd benutzt, aber Lotta betrachtet das Bauwagendach als ihr Reich, daran hat sich nichts geändert, und offenbar will sie es selbst an solchen Tagen nutzen, an denen es eigentlich unmöglich ist.

So also bewegen sie sich im Tiefschnee fort – sie sind unter dem Schnee unterwegs! Ich wusste das nicht, ich hatte mir bislang keine Gedanken darüber gemacht. Als das Dach frei ist, nehme ich mir die Umgebung des Bauwagens vor und brauche nicht lange zu schaufeln, um festzustellen: Auch hier befinden sich ringsum Löcher im Schnee – Mardereingänge. Bis in den Wald hinein hat sie sich ein Höhlensystem mit Aus- und Eingängen gebaut, ein Revier aus Tunneln. Solange der Schnee nicht trägt, bewegt sie sich also, wie Mäuse es machen, und jagt auch so. Ohne ein eigenes Tunnelsystem wäre Mäusejagd im Tiefschnee gar nicht möglich – Marder können ja nicht warten, bis eine Maus unter einem Baum auftaucht, um sich einen Fichtenzapfen zu holen, sie können auch nicht auf gut Glück achtzig Zentimeter tiefe Probebohrungen vornehmen. Sie passen ihre Jagdmethoden den Umständen an, und wenn man genau hinguckt, sieht man: Die Mardergänge verlaufen auf gleicher Höhe mit den Gängen der Mäuse.

Jedenfalls ist dieses Höhlensystem wirklich groß. Und ich kann Lotta riechen. Ich sauge die Luft ein und weiß: Sie ist in der Nähe. In dem Gang, den ich mit der Schaufel freigelegt habe, entdecke ich ein größeres Loch, wahrscheinlich der Zugang zu einer der Hauptröhren, lege mich mit der Kamera davor auf die Lauer und habe tatsächlich Glück: Lotta kommt wenig später heraus, macht Männchen und stößt zur Begrüßung ihren Mamaschrei aus, den ich seit über zwei Monaten nicht mehr von ihr gehört habe. Vielleicht haben die Herausforderungen der letzten Tage an ihren Nerven gezerrt, auf jeden Fall hat sie Unglaubliches geleistet, und jetzt muss die Aufregung einfach raus.

Ich bin begeistert. Für Lotta ist es der erste Tiefschnee ihres Lebens, aber sie weiß gleich, was zu tun ist. Wer hat es ihr gesagt? Niemand. Trotzdem wird sie mit diesem Wetterphänomen leicht fertig und lässt sich sogar individuelle Lösungen einfallen, zum Beispiel eine Toilette auf dem Bauwagendach. Als es in der nächsten Nacht richtig kalt wird und der Schnee gefriert, bewegt sie sich auf der festen Schneedecke, verschwindet dann aber doch wieder in einem Loch – schließlich sind da unten die Mäuse unterwegs.

Nach ein paar Tagen verfärbt sich der Schnee in den Tunneln. Die Tunnel werden dunkler, weil die Laufflächen festgetreten und hart geworden sind, und weil sich Marder nicht die Schuhe abputzen, bevor sie einen Tunnel betreten. Je dunkler ein Tunneleingang, desto mehr Verkehr herrscht dort, und so kann ich mir nach einer Weile ein klareres Bild von dem ganzen System machen.

In Bodenmais glaubte man, dass noch massenhaft Schnee nachkommen würde, aber drei Tage später hört der Schneefall auf, und das war's für diesen Winter. Immerhin ist eine Menge Schnee runtergekommen, der im Wald noch lange liegen bleiben wird – am Bauwagen wird der letzte Schnee im März geschmolzen sein, und das Arbergebiet wird erst im April wieder vollständig schneefrei sein.

Lotta übrigens machen weder Schnee noch Kälte etwas aus.

Aber das ist eine Erfahrung, die ich schon oft gemacht habe: Marder halten große Kälte wesentlich besser aus als Hitze. An warmen Tagen verkriechen sie sich in der Kühle von Steinhaufen, aber bei minus fünfzehn Grad machen sie es sich auf blankem Fels gemütlich.

Lotta hat sich allerdings verändert. Zum Winter hin ist ihr Fell nicht nur dunkler, sondern auch dichter geworden, und seit Januar fühlt sie sich ganz anders an. Ich war überrascht, ich hatte ja noch nie Gelegenheit, im Januar einen Marder zu streicheln, und stelle jetzt fest: In ihrem Winterfell ist Lotta weich wie ein Stofftier. Der Unterschied ist wirklich erstaunlich. In den Sommermonaten ist ihr Deckhaar kürzer und härter, doch jetzt im Winter hat sie einen langhaarigen, seidenweichen Pelz. Außerdem wirkt sie rundlicher, und ihr Kopf, sonst eher spitz zulaufend, ähnelt jetzt dem eines Teddybärs. Ich werde bis April warten müssen, bevor ihr Kopf wieder seine alte, spitze Marderform annimmt.

März

Es regnet viel. Ich kann mich nur noch in Gummistiefeln in meinem kleinen Bauwagenreich bewegen, ringsum ist alles Schneematsch und Schlamm; selbst Lotta hat zu kämpfen. Jetzt, Anfang März, ist sie übrigens allein, denn Hysteria ist seit Tagen verschwunden. Sollte sie wirklich den Absprung geschafft haben, wünsche ich ihr viel Glück; viel näher geht mir aber etwas anderes: Lotta ist wieder bei mir eingezogen!

Ich bemerke es durch Zufall. Vor Monaten hatte ich eine Zementwanne aus dunkelgrauem Plastik in den Zwischenraum zwischen Wohnwagendach und meiner Holzkonstruktion geschoben, Boden nach oben, Öffnung nach unten. Die Wanne war da oben gut verstaut, sie stand auch nicht über, und jetzt sehe ich: Die Wanne ragt ein stückweit heraus, und zwischen Wannenrand und Dachkante entdecke ich Lottas Kopf. Sie schaut herunter, erblickt mich und zieht sich sofort zurück.

Die Wanne ist offenbar neuerdings ihr Appartement. Ob Hauptwohnsitz oder Zweitwohnung, weiß ich nicht. Jedenfalls ist sie planmäßig vorgegangen und hat die Wanne so weit nach vorn geschoben, dass sich ein Spalt ergeben hat, durch den sie von unten hineinschlüpfen kann. Gut, ich überlasse ihr die Wanne. Lotta hat jetzt also eine eigene Wohnung, einen abgeschlossenen Schlafraum nur für sich, schön dunkel, gemütlich wie eine Baumhöhle und mit garantierter Privatsphäre – nicht einmal ich kann ohne Weiteres da reingucken. Ein Luxusappartement.

Irgendwann nehme ich mir aber doch eine Leiter, klettere hoch, hebe die Wanne an – und traue meinen Augen nicht. Ihr Appartement ist eine einzige Müllhalde! Lotta ist gerade ausgegangen, und ich kann diesen Anblick in aller Ruhe auf mich wirken lassen: Alle möglichen Nahrungsreste liegen herum, halb vergammeltes Zeug, angefressen, aber nicht aufgefressen, dazu die pestilenzartigen Düfte … Lotta macht bei sich daheim also nicht sauber. Sie liebt Abfall. Es ist, als ob ich um mein Bett herum die Reste von halben Brathähnchen, verfaulte Bananenschalen und leere Nutellagläser verstreuen würde. Dabei ist sie sonst so auf Sauberkeit bedacht und macht ihr Geschäft nur an ausgewählten Stellen.

Als wir noch im Bauwagen gespielt haben, konnte es vorkommen, dass sie plötzlich rauslief, ihr Geschäft erledigte, zurückkam und weiterspielte – nie hätte sie in den Bauwagen gepieselt, außer um dort etwas zu markieren. Als Marder kackt man nicht in anderer Leute Wohnhöhlen, in die eigene schon gar nicht, aber Schlafen legt sich Lotta inmitten von verwesenden Essensresten, und da es um die Belüftung der Zementwanne nicht zum Besten steht, lebt sie hier oben in einer Wolke von Gestank. Was ihr offenkundig nichts ausmacht.

Ich gebe meinem Impuls als Mensch nach, ziehe den Kübel raus und mache sauber, wische die Speisereste vom Dach und werfe alles runter in den Wald. Da habe ich die Rechnung allerdings ohne Lotta gemacht. Eine halbe Stunde später kommt sie zurück, schnuppert, macht kehrt und wühlt in den von mir beseitigten Resten, schleppt dann das halb verweste Hinterteil einer Maus an, baut sich einen Meter vor mir auf und kaut demonstrativ darauf herum. Diese Maus stinkt dermaßen, dass mir in fünf Metern Entfernung noch übel würde, aber Lotta kriegt so was runter. Dann lässt sie die Maus einfach fallen und kümmert sich nicht mehr drum, als hätte sie mir lediglich eine Lektion erteilen wollen: Was von meinen Sachen weggeworfen wird, bestimme immer noch ich!

Wer weiß, was sonst noch alles als Botschaft an mich gemeint ist? Vieles kriege ich wahrscheinlich nicht mit, und anderes verstehe ich nicht. Was will sie mir zum Beispiel mit der Erdkröte sagen, die sie mir eines Tages anschleppt? Sie präsentiert sich damit als Jägerin, zeigt mir auch, wo sie die Kröte ablegt – auf einem Stein in der Nähe des Bauwagens –, wendet sich dann aber ab und zeigt keinerlei Interesse mehr an ihrem Fang.

Eigentlich tötet Lotta nicht zum Spaß. War die Kröte vielleicht schon tot? Oder hat sie beim Anblick der Kröte noch einmal die Sammelwut übermannt? Jedenfalls besteht sie bei weniger schmackhaften Beutetieren nicht auf ihrem Besitzanspruch und lässt die Kröte jetzt einfach liegen. Keiner will sie, kein Fuchs, kein Artgenosse von Lotta. Dieser Kadaver wäre ein Ladenhüter, gäbe es nicht diverse Käfer, die Kröte doch ganz lecker finden.

Ich sitze am Bauwagen auf meiner Lieblingsbank neben der Voliere und schaue in den Wald, da kommt Lotta an, springt mir auf die Schulter, freut sich wie verrückt, leckt mich ab und legt sich dann in meinen Schoß, um auf der Stelle einzuschlafen. Und während sie ihr Nickerchen macht, bemerke ich einen Baummarder. Er läuft schnurstracks auf den Bauwagen zu. Ich setze Lotta auf den Boden, weil ich ein Foto von ihm machen will, nehme die Kamera, betätige den Auslöser, und da entdeckt er mich und zieht sich eilig zurück.

In den folgenden Tagen verhält sich Lotta merkwürdig: Sie schnuppert überall herum und markiert pausenlos. Sie markiert alle möglichen Dinge auf dem Bauwagengelände, sie markiert aber auch draußen im Wald und legt ihre Häufchen nicht nur auf den Routen, die sie selbst benutzt, sondern auch in der Richtung, aus der der Baummarder aufgetaucht ist. So kennzeichnet sie die Grenzen ihres Gebiets und signalisiert allen anderen: Obacht, hier wohne ich! Mit anderen Worten: Lotta hält es für dringend geboten, ihren Artgenossen ihre Gebietsansprüche in Erinnerung zu rufen. Später schaue ich mich um und entdecke Marderlosung, die nicht von Lotta stammt, und diese fremde Losung markiert sie gezielt, indem sie drüberpieselt oder sogar ihren eigenen Haufen draufsetzt.

Mir wird klar: Das ist kein Spiel mehr, das ist Ernst. Ihr Verhalten sieht ganz nach einer neuen Lebensphase aus. Und dann dringt mit einem Mal, spätabends oder frühmorgens, das typische Geräusch von Marderkämpfen an mein Ohr – ein wildes, hasserfülltes Kreischen, Fauchen und Aufschreien, als würden zwei Tasmanische Teufel aufeinander losgehen. Dieser Kampflärm lässt keinen Zweifel am tödlichen Ernst der Kontrahenten – für sie geht es um Sein oder Nichtsein, denn alle Marderartigen versuchen in diesen Tagen, ihr Revier zu halten, ihr Revier zu vergrößern oder sich überhaupt eines zu erobern. Im Wald ist also allerhand los, aber ich würde nicht weiter drauf achten, wäre da nicht Lotta und die konkrete Gefahr, dass sie in diese Revierkämpfe hineingezogen wird. Ich darf gar nicht dran denken.

Den Winter über sind wir unter uns geblieben. Lotta, Hysteria und ich haben eine ruhige Zeit erlebt; kein fremder Marder hat sich gezeigt. Und plötzlich ist es mit unserer Abgeschiedenheit vorbei. Jetzt tummeln sich in unserem Teil des Waldes auch Steinmarder, die ich mit Sicherheit nicht großgezogen habe, außerdem taucht ein Baummarder auf; in jedem Fall ist Bewegung in die Sache gekommen. Manchmal springt Lotta am Bauwagen herum, während es weiter unten im Wald zu Kämpfen kommt – dann habe ich die Gewissheit, dass sie nicht beteiligt ist. Aber manchmal ist sie nirgendwo zu sehen, wenn das Geschrei losgeht …

Ich merke, dass Lotta unruhig wird. Etwas geht mit ihr vor. Ich hoffe, dass sie klug genug ist, sich rauszuhalten, was allerdings untypisch für sie wäre, und dann passiert es: Sie taucht nicht mehr auf. Sie hat sich auf die Reise gemacht, wer weiß, wohin – Marder schaffen es, in einer Nacht fünfzehn Kilometer zurückzulegen. Vier Tage vergehen, ohne dass sie sich blicken lässt, fünf Tage, sechs, dann ist sie schon mehr als eine Woche fort, und ich erlebe schlaflose Nächte. Ich bin völlig durch den Wind. Ich habe die seelische Verbindung zu ihr verloren. Vielleicht lebt sie nicht mehr. So plötzlich kann das Ende kommen …

In der zehnten Nacht wache ich auf und habe die Gewissheit: Lotta ist wieder da! Ich stoße Sabine an, ich sage: »Lotta ist zurück.« Aber verschlafen, wie sie ist, versteht sie nicht gleich. Ich bin mir völlig sicher. »Lotta ist zurückgekommen«, wiederhole ich, greife zum Handy, schaue mir die Bilder an, die meine Überwachungskamera am Bauwagen von dieser Nacht geliefert hat, und habe den Beweis: Lotta klettert über den Zaun. »Das kann jeder beliebige Steinmarder sein«, wendet Sabine ein, aber ich habe es im Gefühl: Sie ist es. Am anderen Morgen breche ich in aller Frühe auf, komme zum Bauwagen, gehe nach hinten zur Voliere, fasse rein, und da liegt Lotta, eingemummelt in ihre Tücher, lässt sich von mir rausholen und leckt mich ab, als wäre sie nie weg gewesen. Allem Anschein nach ist sie unverletzt.

Dieser Vorfall beweist mir, wie eng wir miteinander verbunden sind. Wir kommunizieren über große Entfernung, und ich werde keineswegs grundlos nervös. Übrigens ist ein paar Tage zuvor auch Hysteria nach zweiwöchiger Abwesenheit zurückgekommen.

Lotta stellt sich auf einen neuen Lebensabschnitt ein, es ist nicht zu übersehen. Eigenartigerweise bedeutet das nicht, dass sich zwischen uns etwas geändert hätte. Bei unseren zufälligen Begegnungen im Wald ist sie jetzt im März noch genauso herzlich wie in der Vergangenheit; sie behält sogar ihre Angewohnheit bei, meine Augenlider zwischen ihre Zähne zu nehmen und zusammenzuzwicken.

Das klingt verrückt, aber dies ist wirklich ihre Art, die größtmögliche Nähe zwischen uns herzustellen. Es tut nicht wirklich weh, sie ist sehr vorsichtig, aber es liegt ihr viel an diesem Ritual, und sie hält meine Augenlider eine ganze Weile lang fest. Steinmarder benutzen ihre Zähne ja zu allem Möglichen, nicht nur zum Töten. Sie knabbern oder beißen ganz leicht und bloß andeutungsweise zu, und mir scheint, dass sie auf diese Weise ihre Gefühle ausdrücken – wir würden uns zu diesem Zweck unserer Hände bedienen, wir würden umarmen oder streicheln, aber Mardern stehen für Zärtlichkeiten und Liebesbekundungen nur Zunge und Zähne zur Verfügung. Ich finde das faszinierend: Dieses Gebiss, das geschaffen ist, blitzschnell und sicher zu töten, kann auch ganz andere Aufgaben erfüllen, es kann sogar für Liebkosungen eingesetzt werden.

Später wird man mich fragen: Hattest du denn keine Angst? Und ich werde antworten: Außer meiner Frau gab es auf dieser Welt kein Geschöpf, dem ich mehr vertraut hätte als Lotta. Ich war mir jederzeit absolut sicher, dass sie mich nicht verletzen würde. Dieses bedingungslose Vertrauen war gegenseitig, und was Lotta angeht: Sie hat es nie enttäuscht.

Ausnahmsweise regnet es nicht, es sickert sogar blasses Sonnenlicht durch die Baumkronen. Auf einmal geht Lotta neben mir. Sie begleitet mich ein Stück, bis wir zu einem schräg stehenden, halb umgestürzten Baum kommen; jetzt läuft sie den Stamm hoch, richtet sich dann auf, erstarrt und fixiert einen Punkt weiter oben. Sie ist ganz Auge, ganz Ohr, und dann weiß ich: Da ist was. Und was ist da? Lotta zeigt es mir. Sie schaut zu mir herunter, sie schaut wieder nach oben, ich folge ihrem Blick, und da bemerke ich in einer Astgabel ein Vogelnest.

Es könnte ein Singdrosselnest sein. Oder ein Amselnest. Und Lotta überlegt. Ihre Augen wandern zwischen mir und dem Vogelnest hin und her. »Keke«, sage ich, »besten Dank, aber ich habe schon gefrühstückt.« Denn Lotta wird sich mit dem Anblick nicht begnügen. Was mag im Nest sein? Ich kann es nicht sehen, aber für Küken ist es zu früh. Egal, Eier sind auch nicht zu verachten, und Lotta läuft hin, um sich den Inhalt des Nests schmecken zu lassen. Was ein Vogel genauso machen würde, ein Eichelhäher zum Beispiel oder ein Buntspecht. Auch ein Eichhörnchen würde sich kaum die Gelegenheit entgehen lassen, ein Gelege auszuschlürfen – der Wald ist für die Tiere eben ein großer Supermarkt, und auch Lotta produziert jetzt Geräusche, die mir sagen: Es ist sehr lecker.

Als sie fertig ist, macht sie es sich auf diesem Baumstamm gemütlich. Sie legt sich hin und lässt die Pfoten seitlich runterbaumeln, wie es ein Jaguar oder ein Leopard macht, wenn er faul im Schatten einer Baumkrone auf einem Ast abhängt. Offenkundig ist sie mit sich und der Welt sehr zufrieden, putzt sich ein bisschen, und es dauert eine Weile, bis sie den Baum verlässt und am Boden in einem Steinhaufen verschwindet. Danach sehe ich sie für zwei Tage nicht mehr.

Also alles beim Alten. Sie bestimmt, wann wir uns sehen und wie lange. Früher oder später heißt es immer: Jetzt brauche ich meine Privatsphäre …, und dann verschwindet sie, ohne Umstände zu machen.

Was hat Lotta vor? Wie lange will sie noch bleiben? Denkt sie überhaupt daran, irgendwann doch noch das Weite zu suchen, oder hat sie meinen Teil des Waldes zu ihrem Revier bestimmt? Es sieht fast so aus. Andererseits – Ende März hat sie sich schon einen recht weiten Umkreis erschlossen. Einige ihrer bevorzugten Steinhaufen liegen mehrere Hundert Meter vom Bauwagen entfernt, und wenn ich sie dort nicht antreffe, kann es daran liegen, dass sie sich noch weiter entfernt hat. Wie weit? Keine Ahnung. Möglicherweise hat sie inzwischen ein sehr großes Gebiet erkundet; umso erstaunlicher, dass sie immer wieder zu mir zurückkommt. Illusionen mache ich mir trotzdem keine. Spätestens im Juni wird Lotta geschlechtsreif, im selben Monat beginnt die Ranz, die Paarungszeit, und selbst wenn sie dann immer noch in der Nähe sein sollte – werde ich sie wiedererkennen? Wird sie mich wiedererkennen?

Nicht selten benutzt mich Lotta als Aussichtsplatz.

Ihr erster Vogel. Er bleibt einer der wenigen.
Meist sind sie einfach zu schnell.

Das Versteck der seltenen Alpenspitzmaus
entdecke ich nur durch Lotta.

Während Lotta auf der Jagd nach Rötelmäusen ist,
kommt es zu manch besonderem Moment.

Die große Verwandtschaft: Diesen Dachs fotografierte ich bei bestem Tageslicht. Auch er gehört zur Familie der Marder.

Lotta untersucht natürlich auch Vogelnester.
Ob darin Eier oder Küken sind, bleibt ihr Geheimnis.

Lotta hat keine Probleme damit, mir ihre Beute zu überlassen.
Sie verteidigt sie mir gegenüber meist nicht.

Ganz entspannt bei der Körperpflege.

Im Frühjahr zeigt sie mir, dass selbst
die frischen Heidelbeerblätter gefressen werden.

Mäuse werden mir immer wieder präsentiert.

Lotta markiert ihr Revier. Damit beginnt eine neue Zeitrechnung. Nun tritt sie in Konkurrenz mit anderen Mardern.

Lotta streift durch den Wald. Sie erkennt mich schon von Weitem.
Für andere bleibt sie ein Phantom.

Auch den Bauwagen beansprucht sie für sich.
Er wird beschnuppert und wenn nötig markiert.

Eine ihrer Lieblingshöhlen liegt unter diesem Baumstumpf.

Viele ihrer zahlreichen Verstecke kenne ich mit der Zeit.
Doch manchmal bleibt Lotta auch für mich tagelang unsichtbar.

Sogar während der Jagd in diesem Steinhaufen nimmt sie sich Zeit für
eine Begrüßung. Danach geht es aber gleich weiter.

Der Blick aus einer der vielen Schneehöhlen.

Schnee und Kälte scheinen Lotta nichts auszumachen.
Sie ist stets gut genährt.

Auch unter dem Bauwagen geht sie auf Mäusejagd.

Schon von Weitem weiß sie, dass ich es bin,
und wartet ungeduldig auf mich.

Winter am Bauwagen. Hier schafft Lotta
ein weitverzweigtes Schneehöhlensystem.

Kontrollgang am Bauwagen.
Im letzten Abendlicht geht sie oft auf Tour.

Alles im Blick: Bevor es losgeht, wird meist mit einem »Männchen« die Sicherheit geprüft.

Blick aus den Baumkronen. Ich musste dir nichts beibringen.
Du bist meine Lehrmeisterin. Danke für alles. Ich werde dich immer lieben.

April

Nach wie vor regnet es viel. Lotta ist mal da, mal weg. Tagelang ist nichts von ihr zu sehen, dann wieder taucht sie täglich am Bauwagen auf. Allem Anschein nach denkt sie nicht daran, die Verbindung zu mir abreißen zu lassen. Vor einem Jahr habe ich sie bekommen, und unser Verhältnis ist nach wie vor so innig wie in unserer glücklichen Anfangszeit, als sie gefüttert und massiert werden musste. Auch ihre Neugier hat nicht nachgelassen. Ein Freund schenkt mir ein neues, großes Vogelhaus, ich stelle es links vom Eingang dem Bauwagen gegenüber auf, und gleich sitzt Lotta drin und mampft genüsslich Erdnüsse, die nicht für sie bestimmt sind – wie eh und je muss jede Veränderung im Bauwagenbereich von ihr besichtigt und abgenommen werden.

Tage später sitzt dort im Vogelhaus ein anderer und tut sich ebenfalls an Sonnenblumenkernen und Erdnüssen gütlich – der Baummarder. Bei meinem Anblick ergreift er sofort die Flucht, aber Tatsache ist: Jetzt traut sich der Kerl schon in den innersten Bezirk. Immerhin scheint er zu diesem Zeitpunkt noch keine feindlichen Absichten zu hegen, Lotta schläft nämlich derweil seelenruhig unterm Bauwagendach. Beide haben einen hervorragenden Geruchssinn, beide wissen also voneinander, aber bis jetzt sieht keiner einen Grund zur Beunruhigung.

Allerdings markiert Lotta in diesen Tagen immer heftiger. Ihr Interesse an dem, was ihre Artgenossen treiben, ist endgültig erwacht. Sie läuft aufgeregt hin und her, folgt mal dieser, mal jener Spur und markiert unentwegt. Kurze Zeit später erhalten wir den nächsten Besuch: Es ist ein fremder Steinmarder, der womöglich auch auf dieses Revier spekuliert, einstweilen aber noch auf Distanz zum Bauwagen bleibt.

Lotta ist trotzdem weiterhin keine Spur von Besorgnis anzumerken. Ich fotografiere sie, wie sie am Rinnsal oberhalb des Bauwagens im schönsten Abendsonnenlicht ihren Durst stillt – ein friedliches und vor allem sehr seltenes Bild, weil Marder in der Regel nur nachts unterwegs sind. Und dann entdeckt sie die hellgrünen, vitaminhaltigen, allerersten Blätter der Heidelbeere. Biber lieben diese Blätter, auch für das Auerhuhn sind sie der erste Vitaminkick des Jahres, und nun stelle ich fest: Auch Marder wissen, was sie daran haben. Lotta macht es sich für den ersten frischen Salat nach der Winterzeit sogar regelrecht gemütlich, als gäbe es was zu feiern – sie streckt sich und putzt sich, bevor sie wie auf ein Sofa hingegossen halb sitzend, halb liegend genüsslich große Mengen an Heidelbeerblättern verspeist.

Ich darf bei diesem Picknick dabei sein – und kann mir nicht helfen: Das Wunschdenken geht mit mir durch, und ich bilde mir ein, wir könnten bis zu unserem Lebensende glücklich miteinander leben.

Hysteria habe ich seit Ende März nicht mehr gesehen. Sie wird auch nicht mehr zurückkommen. Lotta hat als Vorbild ausgedient, Hysteria hat ihre Lektionen in Selbstbewusstsein und Lebensmut gelernt und endlich den Absprung gewagt. Damit ist von meinen sechs Marderdamen des Vorjahrs nur noch eine übrig.

Erik kommt mich am Bauwagen besuchen, ein Junge aus der Nachbarschaft, dreizehn oder vierzehn Jahre mag er alt sein. Früher ist er gern und häufig auf ein Schwätzchen vorbeigekommen, aber im Hinblick auf meine Marder habe ich ihn im letzten Juli gebeten, seine Besuche einzustellen. Er hat sich auch an mein Verbot gehalten, konnte aber nicht ahnen, dass es jetzt im April immer noch gilt – nun ist er da, und ich will ihn nicht fortschicken.

Wir ziehen uns an den kleinen Weiher zurück, den ich oberhalb des Bauwagens angelegt habe. Plötzlich sehe ich Lotta – sie läuft übers Bauwagendach, schaut zu uns herüber, bleibt wie versteinert stehen und betrachtet uns. Wahrscheinlich versteht sie die Welt nicht mehr. Später, auf dem Rückweg, müssen wir direkt am Bauwagen vorbei, und Lotta ist nirgends zu sehen.

Am nächsten Tag bleibt sie verschwunden. Genauso am übernächsten Tag. Erst am dritten taucht sie wieder auf. So lange hat sie also gebraucht, dieses verwirrende Erlebnis zu verarbeiten. Vom Bauwagendach aus hat sie mich in der Gesellschaft eines Menschen gesehen und vermutlich vor einem Rätsel gestanden – wie kann sich jemand wie der Woife bloß mit einem Menschen einlassen? Auf diese Frage wird es für Lotta keine Antwort geben.

Am 10. April mache ich mich auf den Weg zu einer Stelle im Wald, an der sich gelegentlich Rotwild aufhält. Zwischen zwei Waldstücken muss ich eine freie Fläche überqueren, trete aus den Bäumen heraus und erschrecke regelrecht – fünf Meter vor mir steht ein Dachs. Ohne Hoffnung auf ein brauchbares Foto greife ich zur Kamera. Bis ich scharf gestellt habe, denke ich, ist er längst weg, aber weit gefehlt: Er bleibt stehen und schaut mir direkt in die Augen, und mir gelingt eine Großaufnahme von einem Dachs bei schönstem Tageslicht.

Dann setzt er sich gemächlich in Bewegung, auch ich laufe los, und so gehen wir wie zwei Spaziergänger eine Weile nebeneinanderher. Einmal bleibt er stehen, ich kann aus drei Metern Entfernung weitere Großaufnahmen von ihm machen, dann läuft er weiter, aber eilig hat er's immer noch nicht. Die ganze Aktion dauert sensationelle zwei Minuten – normalerweise bekommt man ein wildes Tier keine fünf Sekunden zu Gesicht, bevor es sich unsichtbar macht.

Wieder zu Hause bringt mich der Dachs auf die Idee, mich mit Lottas weitverzweigter Verwandtschaft zu beschäftigen. Er gehört nämlich dazu, der Dachs, und auf meinen Fotos ist die Ähnlichkeit deutlich zu erkennen – man schaue sich nur die Köpfe von beiden an. Verglichen mit Lotta ist der Dachs natürlich ein Riese, aber unter den Marderartigen gibt es noch größere Vertreter, die Fischotter beispielsweise. Wir bringen sie mit den Mardern gewöhnlich nicht in Verbindung, weil sie im Wasser leben, aber die Optik stimmt, die Kopfform ist bei beiden ähnlich.

Am größten ist die Familienähnlichkeit natürlich bei der engeren Verwandtschaft – dass Iltis, Wiesel, Frettchen, Hermelin, Zobel und Nerz zu den Marderartigen zählen, braucht man kaum eigens zu erwähnen, und allen gemeinsam ist, dass sie als Pelztiere jahrhundertelang gnadenlos gejagt wurden. Der Trapper, der in den ausgedehnten Wäldern Nordamerikas wie Russlands die Vorhut der Zivilisation darstellte, ist ja nichts anderes als ein Fallensteller, der es auf Marderartige abgesehen hat. So traurig es ist, aber auch bei uns dürfte ein Marder in freier Wildbahn in den seltensten Fällen auf seine zehn Jahre Lebenszeit kommen. Ich befürchte sogar, dass viele noch vor ihrem zweiten Lebensjahr in einer Lebendfalle landen, von einem Jäger geschossen oder von einem Auto überfahren werden. Bis auf den heutigen Tag leben Marder gefährlich.

Es ist gerade drei Wochen her, dass Lotta ihr Luxusleben unter dem Zementkübel auf dem Bauwagen genossen hat, und jetzt ist sie wieder untergetaucht. Gut, ich habe mich halb und halb daran gewöhnt, dass sie für längere Zeit verschwindet, ihre alte Zutraulichkeit geht darüber ja nicht verloren, aber Sorgen mache ich mir dennoch, denn die Paarungszeit rückt mit jedem Tag näher, und im Wald herrschen raue Sitten.

Zehn Tage vergehen, und Lotta bleibt verschwunden. Mit jedem Tag bedrückt mich die innere Leere eines Lebens ohne Lotta mehr. Nervös, wie ich bin, schaue ich am zehnten Tag unterm Bauwagendach nach, leuchte mit der Taschenlampe den Zwischenraum aus und entdecke auch einen Marder, aber der reagiert nicht. Überzeugt, dass es sich um einen Artgenossen von Lotta handeln muss, Hysteria vielleicht, kümmere ich mich nicht weiter um ihn. Anderntags schaue ich wieder nach – und diesmal erkenne ich sie: Es ist doch Lotta, es muss schon gestern Lotta gewesen sein. Sie reagiert nun auch. Sie kommt unterm Dach hervor, aber mit einem Blick, den ich noch nie an ihr gesehen habe, als würde sie mich um Hilfe anflehen, und kaum nehme ich sie in die Hand, wird mir klar: Sie ist in einem erbarmungswürdigen Zustand. Sie ist abgemagert, sie ist völlig fertig, und sie hat Schmerzen. Allem Anschein nach hat sie seit Tagen nicht mehr gejagt, und als ich sie anfasse, schießt sie mit dem Kopf nach vorn, als wolle sie zubeißen – im letzten Moment überlegt sie es sich, beherrscht sich trotz der Schmerzen und zwickt mich nur leicht in den Finger, als Warnung, fast als Bitte, auf ihren Zustand Rücksicht zu nehmen. Ein Mensch hätte laut aufgeschrien, aber Tiere leiden stumm, sie geben höchstens leise Klagelaute von sich, so wie Lotta es jetzt macht.

Sie muss ziemlich schwer verletzt sein. Ich besehe sie mir genauer und stelle fest: Sie hinkt vorn, sie hinkt auch hinten, an der linken Lefze hat sie eine offene Wunde, und ihr ganzes Maul ist mit Harz verklebt. Ihr dichtes Fell verhindert, dass ich weitere Verletzungen an ihrem Körper entdecke, aber offenbar hat sie überall Verletzungen, denn jede Berührung tut ihr weh. Um Himmels willen! Was soll ich machen? Ich muss sie füttern. Ich kann sie doch nicht verhungern lassen, nachdem ich sie großgezogen habe! Seit September jagt sie selbstständig, und jetzt weiß sie sich keinen anderen Rat, als mich aufzusuchen und mir zu zeigen, wie schlimm es um sie steht. Also gar keine Frage: Sie braucht Hilfe und scheint auch bereit zu sein, Hilfe anzunehmen.

Ich bin erschüttert. Bisher habe ich in ihr das blühende Leben gesehen, und jetzt ist sie nur noch ein Häufchen Elend. Ich muss sofort nach Hause, Eintagsküken holen. Eintagsküken und Mäuse, wie ich sie immer in der Tiefkühltruhe aufbewahre. Sie sind nicht für Lotta gedacht, aber in ihrem Zustand wäre sie in der Natur nicht überlebensfähig. Sie kann nicht jagen, im Wald würde ihr keiner was von seiner Beute abgeben, und das wäre das Todesurteil, sie würde langsam verhungern. Ich setze mich ins Auto, und zwei Stunden später stelle ich ihr eine Schüssel mit Futter hin. Lotta frisst.

Als Nächstes rufe ich den Tierarzt in Viechtach an, denselben, der mir im vergangenen Jahr Lotta vermittelt hat. »Ich habe hier einen Steinmarder«, sage ich. »Es ist aber kein Jungtier. Es ist einer vom letzten Jahr, ein erwachsenes Tier mit Verletzungen. Kann ich es dir bringen?« »Ja«, sagt mein Tierarzt, »komm gleich vorbei«, aber ich merke, dass seine Begeisterung sich in Grenzen hält.

Ein erwachsener Marder! Für die Leute in der Tierarztpraxis ist Lotta eine Sensation. Ein wild lebender Marder, der sich einem Menschen anvertraut, ist eigentlich undenkbar, das hat es jedenfalls noch nie gegeben. Alle in der Praxis,

Publikum wie Personal, sind angewiesen, still zu sein, kein Wort zu sagen, damit Lotta nicht ausrastet. Ich hole sie aus der Box, halte sie dem Arzt hin, zeige ihm ihre Verletzungen, soweit ich sie erkennen kann, und Lotta ist mit meinem Vorgehen vollkommen einverstanden – sie weiß offenbar, dass ich ihr nichts Böses will. Der Tierarzt schaut sie sich stumm an, hat aber einen solchen Respekt vor ihren Zähnen und Krallen, dass er selbst sie nicht berührt – und ist fasziniert: Wie viele Katzen und Hunde hat er schon erlebt, die sich gegen die Untersuchung sträuben und kaum zu bändigen sind, aber mein wilder Steinmarder lässt diese Prozedur geduldig über sich ergehen!

Und dann bestätigt er meine Vermutung: Das sind keine Bisswunden. Diese Verletzungen rühren nicht von einem Kampf her, sie sind typisch für einen Sturz. Wie stark sie wirklich verletzt ist, lässt sich wegen des dichten Fells nicht sagen, es dürfte sich hauptsächlich um Prellungen handeln; was aber vor allem für einen heftigen Schlag spricht, ist das harzverschmierte Maul und die offene Wunde an ihrer Lefze. Es sieht aus, als wäre sie mit dem Maul regelrecht in Baumharz hineingedrückt worden; sie muss also aus großer Höhe heruntergefallen sein. Dieses Schicksal dürfte übrigens viele Marder ereilen. Wenn sie bei der Jagd vom Baum fallen, ist es vorbei, dann können sie nicht mehr klettern, dann sind sie auch nicht mehr schnell genug für die Jagd.

Also gut, was machen wir? Lotta braucht Antibiotika. Die offene Wunde eitert bereits. Antibiotika und Schmerzmittel. Ich stecke die Medikamente ein, Lotta bekommt noch eine Spritze, dann sind wir entlassen und fahren zum Bauwagen zurück. Die ganze Zeit über war sie lammfromm.

Ich setze Lotta in die Auswilderungsvoliere am Bauwagen, die kennt sie, die war monatelang ihr Zuhause und später ihr Zufluchts- und Rückzugsort. Ich bin gezwungen, sie dort einzuschließen, weil ich nicht sicher sein kann, dass sie nicht übermorgen schon wegläuft und sich anderswo verkriecht – in diesem Fall könnte ich ihr nicht zweimal am Tag die verordneten Medikamente verabreichen. Ich muss sie unter Kontrolle haben – auch wenn es mir fast das Herz bricht, sie wieder einzusperren, nachdem sie bereits ein halbes Jahr in Freiheit zugebracht hat.

Am ersten Tag ist sie vollauf damit beschäftigt, sich vollzufressen, und lässt sich alles gefallen. Doch dann, am zweiten Tag … Sie ist noch längst nicht fit, aber kaum habe ich die Volierentür einen Spaltbreit geöffnet, um ihr Futter reinzustellen, entwischt sie blitzartig – bevor ich mitkriege, was passiert, ist sie schon draußen. Die erste Möglichkeit, ihre Freiheit zurückzuerlangen, nutzt sie aus, ohne eine Sekunde zu zögern, und seither sitzt sie oben unterm Bauwagendach, wo sie vor mir sicher ist. Was mache ich jetzt?

Ich verstehe sie ja. Sie ist dermaßen beleidigt … Bei diesem Tier, das mir seit einem Jahr seine Zuneigung schenkt, habe ich nach diesem Vorfall gründlich verschissen – Freiheitsberaubung verzeiht Lotta nicht. Sie beobachtet mich vom Bauwagendach aus, sie frisst auch, wenn ich ihr Futter hinstelle, aber ich habe nicht die geringste Chance, sie zu fassen zu kriegen.

Also greife ich zu einem Trick: Ich mische etwas von den Medikamenten unters Futter, stelle ihr die Schüssel hin und hoffe, dass sie's frisst. Allerdings – wenn Hysteria jetzt noch mal vorbeikäme? Oder ein anderer Steinmarder? Oder ein Baummarder? Ich habe bei einem leeren Napf doch keine Gewissheit, dass Lotta das präparierte Futter wirklich gefressen hat – womöglich verfüttere ich meine Medikamente an einen anderen, kerngesunden Marder? Ich versuche, Lotta aus ihrem

Versteck zu locken, ich rufe sie mit Engelszungen, aber sie kommt nicht, sie geht keinen Schritt auf mich zu.

Und dann passiert das Unglaubliche. Nach zwei Tagen stellt sie wohl fest, dass es ihr besser geht, dass ich ihr wirklich helfen will und auch tatsächlich helfen kann, und mit einem Mal kommt sie nach vorn an die Dachkante und lässt sich anfassen. Sie hat immer noch Schmerzen, sie ist immer noch gegen Berührungen empfindlich, aber sie lässt es zu, dass ich ihr das Schmerzmittel mit einer stumpfen Spritze einflöße, und schluckt auch bereitwillig das Antibiotikum. Anderntags schleckt sie die Spritze sogar von sich aus ab, nimmt dann brav das Antibiotikum aus meiner Hand an und geht anschließend direkt zum Fressen über. Mit anderen Worten: Lotta kooperiert, sie verhält sich wie ein einsichtiger Patient – aber wer hat je davon gehört, dass ein wilder Steinmarder freiwillig seine Medikamente abholt?

Und so geht es jetzt eine Woche lang: Lotta kommt zweimal am Tag aus eigenem Antrieb vom Bauwagendach herunter und nimmt ihre Medikamente zu sich. Am dritten Tag springt sie mir sogar auf die Schulter, als wäre nichts gewesen, offenbar fest davon überzeugt, dass ich sie nie mehr einsperren werde. Und ich verspreche es ihr hoch und heilig, denn das habe ich gelernt – einem Marder geht seine Freiheit über alles.

Absolut faszinierend ist für mich die Intelligenz, die Lotta bei dieser Gelegenheit an den Tag legt. Sie scheint jede einzelne Maßnahme zu verstehen und zu billigen und dabei kompromisslos wie immer ihre Interessen zu verfolgen – einsperren lässt sie sich nicht, in diesem Punkt muss sie mir eine Lektion erteilen, meine Absichten und die Wirkung der Medikamente aber schätzt sie mit sicherem Gespür vollkommen richtig ein und schenkt mir deshalb auch wieder Vertrauen.

Nach Ablauf einer Woche sind ihre Verletzungen weitgehend verheilt. Anfangs füttere ich sie zweimal am Tag aus meiner Notreserve, dann nur noch einmal, und am achten Tag rührt sie meine Küken und Mäuse nicht mehr an, weil sie wieder selbst jagt. Zur Kontrolle untersuche ich ihre Losung und entdecke die Reste einer Maus, die sie nicht von mir bekommen hat, oder die Überbleibsel eines Käfers. »Jetzt lacht sie wieder«, sage ich zu meiner Frau, als ich eines Tages vom Bauwagen zurückkomme. Diese Lachen sieht man nicht, so wie man vorher ihr Weinen nicht gehört hat, aber mir springt es geradezu ins Auge.

Ganz die Alte ist Lotta noch nicht. Sie kommt mir still vor, sie scheint sich schonen zu wollen und verkriecht sich tagsüber in die Voliere. Anderthalb Wochen lang wird das so gehen: Eingemummelt in ihre Decke, schlummert sie in dem Nest, das ich ihr vor vielen Monaten geschaffen habe. Ist sie vom Wald bedient? Sie meidet ihn jedenfalls und sucht ihn nur des Nachts zum Jagen auf. Sie will aber auch vom Bauwagendach nichts wissen, selbst der Zementkübel hat seinen Reiz für sie verloren; nur die Voliere kann ihr den Luxus bieten, den sie jetzt braucht. Sehr ungewöhnlich für eine so überzeugte Liebhaberin von Geröllhaufen und Baumhöhlen wie Lotta …

Ich vermute, sie muss sich vom harten Leben draußen erholen und spannt erst mal aus, gönnt sich erst mal Urlaub. Auch ein erwachsener Mensch kann wieder etwas Kindliches annehmen, wenn er Schlimmes überstanden hat und auf dem Weg der Besserung ist, und Lotta scheint es ähnlich zu gehen: Als wäre ihr nach unserer alten Vertraulichkeit zumute, steht sie auf und läuft mir entgegen, wenn ich frühmorgens oder spätabends zum Bauwagen komme, legt sich in meinen

Schoß, lässt sich streicheln und genießt es wie damals, als sie noch klein war und nach der Fütterung beschmust werden wollte. Ja, es gibt aus dieser Zeit sogar Fotos, die uns beim Schmusen im Wald zeigen und keinen Zweifel daran lassen, dass Lotta auch Ende April noch genauso verspielt, genauso unbefangen und offensichtlich glücklich ist wie in den alten Zeiten.

Und wieder bilde ich mir ein, dass Lotta bleiben und für die kommenden zehn Jahre meine Begleiterin sein wird. Und wieder funkt mir mein Verstand dazwischen und erinnert mich daran, dass die Paarungszeit bevorsteht und Lotta demnächst geschlechtsreif wird und ein Ende unserer Innigkeit abzusehen ist.

Mai

Offen gesagt: Unser Wissen über Steinmarder ist begrenzt. Er ist ja kein seltenes Tier, kein Exot, trotzdem sind wir in vielfacher Hinsicht auf Vermutungen angewiesen, weil sich das Leben wilder Steinmarder für uns weitgehend unsichtbar abspielt. Wir gehen von Momentaufnahmen aus, von Einzelbeobachtungen, und entsprechend lückenhaft ist das, was wir von ihnen wissen. Wer hat denn bisher einem Steinmarder über Wochen und Monate bei der Jagd im Wald zugesehen? Wer hat das Verhalten von Jungtieren gegenüber ihrer Mutter aus nächster Nähe beobachtet? Wer hat miterlebt, welche Beziehungen Geschwister untereinander entwickeln? Und was ich mich jetzt Anfang Mai frage: Wie geht der Übergang zur Geschlechtsreife genau vonstatten?

Was wir wissen, ist, dass sich bei einem Steinmarder im zweiten Lebensjahr der Geschlechtstrieb regt. Aber wie ändert sich sein Verhalten, wenn neue Aufgaben auf ihn zukommen? Und wie stellt er es an, ein eigenes Revier zu finden? Denn Reviere sind rar. Manche mögen das Revier ihrer Mutter übernehmen, aber das funktioniert nur, wenn die Mutter auf ihr Lebensende zugeht. Die meisten Jungtiere dürften gezwungen sein, abzuwandern, aber was, wenn das nächste Revier belegt ist und das übernächste auch? Unter Umständen wird ein junger Marder lange suchen und lebensgefährliche Kämpfe bestehen müssen, bevor er ein Marderleben nach Marderregeln führen kann. Aber wer hat diesen Prozess schon miterlebt, wer ist je dabei gewesen?

Und jetzt zu Lotta. Bisher hat sie mein Revier als ihr eigenes verstanden, und womöglich plant sie (wenn man das so sagen darf), selbst dann im Bereich des Bauwagens zu bleiben, wenn wir uns fremd geworden sein sollten. Aber ich bin kein Marder, ich verteidige mein Revier nicht gegen Eindringlinge, und wer weiß – vielleicht ist ihr ein anderer Marder zuvorgekommen und hat mein Revier längst in Beschlag genommen, einer, der sich in keiner Weise um mich schert? Möglich also, dass ein weiblicher Marder genau hier schon sein Revier hat – und Lotta sich genötigt sehen wird, auszuweichen oder zu kämpfen …

All dies weiß ich nicht. Im Klaren bin ich mir nur über eines: Im Juni geht es mit der Paarungszeit los, und schon vorher werden sich Veränderungen in Lottas Hormonhaushalt abspielen. Ich habe keine Ahnung, wie sich ihre Verwandlung in ein geschlechtsreifes Tier auf unser Verhältnis auswirken wird, aber ich bin nervös.

Ich weiß ja, dass Lotta nicht zu mir gehört. Ich weiß, dass auch Lotta ein Kind der Wildnis ist, das frei und ungestört leben will. Aber zum ersten Mal seit ich Tiere großziehe, macht mich dieses Wissen unglücklich. Zum ersten Mal bedauere ich, dass Tier und Mensch nicht derselben Sphäre angehören. Dass in der Natur andere Gesetze gelten als für mich und dass der Abgrund zwischen meiner und Lottas Welt auf Dauer nicht zu überbrücken ist.

Ich weiß es, aber ich will es nicht wahrhaben. Ich bäume mich gegen diese Einsicht auf, ich wehre mich dagegen, ich protestiere! Natürlich würde ich niemals verhindern, dass Lotta ihr eigenes Leben führt; ich käme nicht auf die Idee, einen zehn mal zehn Meter großen Käfig zu bauen, um sie für den Rest ihrer Tage darin einzusperren, aber es wäre die Erfüllung meiner Träume, wenn sie dieses Waldstück zu ihrem

Revier machen würde, mit dem Bauwagen als Mittelpunkt und gelegentlichem Treffpunkt.

Denn sie gehört für mich dazu. Nach über einem Jahr, in dem wir unzertrennlich waren, gehört sie für mich dazu. Lotta ist für mich der gute Geist des Waldes, sie ist die Seele des Waldes, sie ist meine Verbindung zu jener Welt, die gleich hinterm Bauwagen beginnt, in der ich auf ihre Marderpässe stoße, ihre Losung entdecke, ihren Spuren folge und, wann immer ihr danach ist, sie selbst antreffe und glücklich bin. Aber im Grunde meines Herzens weiß ich natürlich: So wird's nicht weitergehen. Lotta wird mich verstoßen. Die Natur macht keine Ausnahmen. Wie sich diese Verstoßung abspielen wird, weiß ich nicht. Das weiß keiner. Das kann keiner wissen, weil keiner bisher erlebt hat, was ich erlebt habe.

Als wollte Lotta alle meine Befürchtungen zerstreuen, zeigt sie sich Anfang Mai in der altbekannten Verfassung, nämlich launisch, verspielt und neugierig. Gleich am ersten Tag des Monats beobachte ich sie bei einem weiteren gescheiterten Versuch, ein Eichhörnchen zu erbeuten. Auf mich wirkt sie von Anfang an nicht wild entschlossen. Sie läuft dem Eichhörnchen im Baum nach, wagt auch einmal einen Sprung, bricht die Jagd dann aber bald wegen Aussichtslosigkeit ab. So gut Eichhörnchenfleisch auch mundet – Eichhörnchenjagd ist reine Energieverschwendung, und als Steinmarder kann man sich dabei nur blamieren.

Da ich nicht weiß, was sie als Nächstes vorhat, lasse ich mich unter dem Baum auf den Waldboden nieder, um einfach abzuwarten. Plötzlich höre ich es rascheln und sehe sie weiter hinten laufen, dann entdeckt sie mich, rennt auf mich zu und begrüßt mich stürmisch wie immer, bevor sie sich in meinen Schoß legt und gestreichelt werden möchte. Eine Minute später beendet sie dieses Intermezzo und zieht wieder ab, schließlich muss sie sich um Ersatz für das entgangene Eichhörnchen kümmern.

Drei Tage später schläft sie wieder mal in der Voliere. Auch wenn sie den Innenraum des Bauwagens nicht mehr betritt, die Voliere scheint sie nicht aufgeben zu wollen, mit der verbindet sie anscheinend die schönsten Erinnerungen. Für mich den Bauwagen, für Lotta die Voliere – mit dieser Lösung wäre ich durchaus einverstanden. Wenn wir nicht Freunde bleiben können, dann wenigstens Nachbarn?

Anderntags setze ich zwischen Bauwagen und Zaun Blumen ein. Gerade bin ich fertig geworden und will schon gehen, da kommt Lotta dazu. Ich wusste gar nicht, dass sie in der Nähe ist. Nach wie vor interessiert sie sich für alles, was ich mache, nach wie vor registriert sie Veränderungen, und auch diesmal begutachtet sie mein Blumenbeet, prüft, ob alles ihren Vorstellungen entspricht, hat aber offenbar keine Änderungsvorschläge und nimmt auch später keine heimlichen Verbesserungen vor. Glück gehabt. Meine heimliche Sorge war, dass sie hergeht und Blumen ausgräbt, um sie anderswo einzugraben. Aber verblüffend finde ich schon, dass sie weiterhin am Schicksal unserer kleinen Bauwagenwelt lebhaften Anteil nimmt.

Und in diesem Stil geht es noch zwei Wochen lang weiter. Sie kommt seltener vorbei, lässt sich aber immer wieder blicken. Ihre bevorzugten Geröllhaufen liegen jetzt weit draußen, Hunderte von Metern vom Bauwagen entfernt, aber immer noch entdecke ich einen, in dem sie gerade schläft, fahre mit meiner Hand durch eine Öffnung, streichle ihr kurz den Kopf und lasse sie dann weiterschlafen. Und mit einem Mal ist sie wieder verschwunden, untergetaucht in der Weite der Wälder und unauffindbar. Jetzt mache ich mir die größten Sorgen.

Diesmal könnte es für immer sein. Aber würde sie sich sang- und klanglos verdrücken? Lotta ist doch nicht Hysteria. Andererseits – wenn ihr etwas zugestoßen sein sollte? Wenn sie bei einem Kampf den Kürzeren gezogen haben sollte?

Anderthalb Wochen nach ihrem Verschwinden mache ich mich auf den Weg zum Bauwagen. Mir ist elend zumute. Die Vorstellung, dass es mit uns vorbei sein könnte, drückt mir das Herz zusammen. Ich sehe das unausweichliche Ende auf uns zukommen und schleppe mich lustlos die Anhöhe hoch, von der es in den Wald und zum Bauwagen geht. Selbst der Gedanke, sie könnte zurückgekommen sein, macht mich nicht froh. Bisher war es immer lustig mit ihr gewesen, praktisch vom ersten Tag an – jetzt habe ich das Gefühl, dass uns traurige Zeiten bevorstehen. Als käme etwas auf uns zu, das keiner von uns beiden will, aber auch keiner von uns beiden abwenden kann.

Ich treffe am Bauwagen ein und finde sie nicht. Dieser Ort, der bis vor Kurzem der Schauplatz turbulenter, komischer und herzergreifender Szenen war, an dem sich Lotta als Kobold inszeniert und ausgetobt und von den Strapazen eines stürmischen Marderlebens erholt hat, wirkt auf mich öde und verlassen. Ich schließe auf, setze mich rein, fange an zu weinen und murmele vor mich hin, und während ich dasitze, höre ich ein Geräusch. Sind es Schritte? Ist es das Geräusch ihrer Pfoten auf dem Bauwagendach? Nein. Oder doch? Ich gehe raus, schaue mich um – und entdecke Lotta in der Voliere. Sie steht da und schaut mich an. Ich nähere mich, nehme ihren Kopf, streichle ihn, und wie immer, wie ich es seit vielen, vielen Monaten von ihr kenne, schmiegt sie ihren Kopf in meine Hand. Von diesem Zeitpunkt an bleiben uns keine zehn Minuten mehr.

Irgendetwas ist anders. Ich nehme sie auf den Arm, und zum ersten Mal erschrickt sie, wirft einen nervösen Blick in Richtung Bauwagendach, beruhigt sich dann zwar, wirkt aber angespannt, als müsste sie auf der Hut sein. Dann setze ich sie auf meinen Schoß, schaue genauer hin und erschrecke nun meinerseits: Ihr Anblick ist für mich schwer zu ertragen. Sie ist an mehreren Stellen verletzt. Sie hat tiefe Bisswunden am Kopf, ihr Gesicht ist geschwollen, sie hinkt schon wieder und scheint auch Prellungen am Hinterleib zu haben, aber was mir einen Stich ins Herz gibt, ist ihr Blick. Alles Lustige, Unbeschwerte und Heitere ist aus diesem Blick gewichen, als hätte man es aus ihr herausgepresst, wie man Wasser aus einem Schwamm quetscht. Sie wirkt ernst, erschöpft, bedrückt, und ihre Augen sind leblos und stumpf, als würde sie sich von unserer Begegnung nichts mehr versprechen. Ich erkenne sie kaum wieder.

Wenigstens sind ihre Verletzungen nicht lebensbedrohlich, in diesem Zustand könnte sie sogar noch klettern. Trotzdem – muss ich nicht eingreifen? Müsste ich ihr nicht wieder Antibiotika verabreichen? Das ist jedenfalls mein erster Gedanke: Sperr sie in die Voliere und pfleg sie gesund! Aber ist das nicht eine allzu menschliche Sicht? Wie stellt sich die Situation aus der Sicht eines Marders dar?

Eine erneute Gefangenschaft in der Voliere würde sie mir niemals verzeihen, die Geschlechtsreife kann ich sowieso nicht aufhalten, und bei der Reviersuche kann ich ihr genauso wenig helfen. Ich kann nicht an ihrer Stelle kämpfen, ich kann unmöglich ein Leben lang für sie da sein, sie muss ihren eigenen Weg gehen. Das Leben da draußen ist gefährlich, sie wird sich durchschlagen müssen, und was mich beruhigen könnte: Sie geht Kämpfen allem Anschein nach nicht aus dem Weg. Sie läuft nicht davon, sie teilt aus; davon zeugen die Bisswunde am Kopf und die Schwellung am Auge.

Sie stellt sich also den Herausforderungen des Waldes, das wird sie auch in Zukunft tun, nur dass sie jetzt nicht mehr fit ist, und die beste Jägerin dürfte sie auch nicht mehr sein … Aber was geht mich das an? Schau genau hin, sage ich mir. Lotta hat sich schon einmal von dir retten lassen, aber diesmal sieht es nicht so aus, als würde sie deine Hilfe erbitten. Zu diesem Zweck ist sie nicht gekommen.

Und jetzt will sie nicht mehr bei mir bleiben. Sie springt zu Boden, bleibt stehen und scheint völlig verwirrt. Sie schaut zum Bauwagen – dort kommt sie her, dort ist sie aufgewachsen, und vielleicht gehen ihr Erinnerungen an diese Zeit durch den Kopf. Sie schaut mich an – ich bin ihre Ersatzmutter, und vielleicht empfindet sie so etwas wie dankbare Zuneigung. Sie schaut zum Wald – er ist die Gegenwart, die Realität, und dort gehört sie hin, dort wartet das wahre Leben auf sie. Aber noch zögert sie, macht ein paar Schritte Richtung Wald, klettert dann ungeachtet ihres verletzten Beins bis auf halbe Höhe einen Baumstamm hinauf, kommt wieder herunter und läuft auf der Rückseite des Bauwagens zur Vogeltränke, trinkt aber nicht. Sie starrt nur in die wassergefüllte Schale.

Ich sehe ihr aus dem Bauwagenfenster dabei zu. Lotta wendet mir ihren Kopf zu und sieht mich an, und wieder ist ihr Blick kalt und unbeteiligt. Dann kommt sie herunter, und während sie planlos hierhin und dorthin läuft, sich dieses und jenes anschaut, lasse ich mich auf der Bank an der Rückseite des Bauwagens gleich neben der Voliere nieder, wo ich am liebsten sitze – auch deshalb, weil es dort nach Marder riecht. Wird sie noch einmal zu mir kommen? Ich wage es kaum zu hoffen, doch dann passiert es: Sie springt mich von der Seite an, landet auf meiner Schulter und leckt meine rechte Wange ab, einmal, zweimal. Aber anders als sonst. Nichts ist mehr von überschwänglicher Freude zu spüren. Sie kommt mir dabei teilnahmslos und müde vor, als wäre sie mit den Gedanken gar nicht bei der Sache, und ihre Augen sagen mir: Tut mir leid, aber wir werden uns nicht wiedersehen.

Ich bin genauso durcheinander wie sie, nämlich völlig aufgelöst. Wirre Gedanken schießen mir durch den Kopf. Was mache ich bloß? Sie ist verletzt. Soll ich eingreifen? Kann ich noch etwas ändern? Aber ich darf sie nicht wieder einsperren, sie würde sich mit aller Kraft dagegen wehren, sie ist ein wildes Tier. Also auch kein Tierarzt, keine Medikamente, keine Erholung in der Voliere, also loslassen, den Dingen ihren Lauf lassen, meine Ohnmacht eingestehen und akzeptieren? Oder doch einen großen Käfig für sie bauen, damit sie mir für die nächsten Jahre erhalten bleibt?

Dieser Gedanke wird als komplett irrsinnig sofort wieder verworfen, und jetzt bin ich ratlos. Es gibt keine Lösung. Ich werde nicht mehr gebraucht. Ich bin ihr im Weg. Ich bin machtlos – und für Lotta jetzt sogar wertlos. Das Jahr mit ihr war ein großes Geschenk, es hat meine kühnsten Hoffnungen übertroffen, aber mehr ist nicht drin. Ich habe keine andere Wahl, als sie gehen zu lassen.

Inzwischen ist Lotta von ihrer letzten Runde um den Bauwagen zurückgekommen und bleibt vor mir stehen. Schaut mich mit einem eigenartigen Blick an. Wendet ihren Kopf ab und blickt in den Wald. Macht einen Hüpfer, hält aber wieder inne, bleibt stehen, dreht sich noch einmal zu mir um und blickt dann erneut in den Wald. Was ist?, denke ich. Willst du schon aufbrechen? Nachdem wir uns gerade wieder begegnet sind? Dann los! Noch nie hast du dir etwas zweimal überlegt. Dein Entschluss war immer genauso schnell ausgeführt, wie er gefasst war … Und jetzt? Als wäre sie zum ersten Mal in ihrem Leben unentschieden, als wäre sie hin- und hergerissen, sieht sie mich ein drittes Mal an, bevor sie sich wieder abwendet und wieder in den Wald schaut. Was geht in ihr vor? Es gibt nur eine Antwort: Sie will nicht gehen, aber sie muss. Unsere Zeit ist abgelaufen. Und jetzt schlüpft sie durch den Zaun hinaus und läuft durch Kräuter und Farn über die Lichtung in Richtung Weiher.

Ich folge ihr. Ohne sich umzublicken, steuert Lotta das Rinnsal da oben an, bleibt dann dort stehen und schnuppert, trinkt aber nicht – der Geruch des Wassers reicht ihr. Im nächsten Moment läuft sie zielstrebig los, und das Letzte, was ich von ihr sehe: Lotta schenkt mir einen kurzen, traurigen Blick wie aus dem Jenseits, bevor sie im Dickicht verschwindet. Sie weiß, was jetzt zu tun ist.

Endzeitstimmung. Ich packe die Kamera in den Rucksack. Ich verschließe den Rucksack. Ich nehme ihn und setze mich für einen Augenblick auf die Bank oberhalb des Weihers. Ein schönes Fleckchen. Noch will ich nicht wahrhaben, dass es vorbei ist. Aber nichts tut sich, nichts bewegt sich, der Wald hat sie verschluckt, und da werfe ich meinen Rucksack über und verlasse den Schauplatz unserer letzten Begegnung ebenfalls, aber in entgegengesetzter Richtung.

Nachtrag

Natürlich konnte ich nicht aufhören, an Lotta zu denken. Klar bin ich mir über die ganze Geschichte trotzdem nicht geworden. In meinem Herzen ging es drunter und drüber, in meinem Kopf auch, da wechselten sich Spekulationen mit bösen Ahnungen ab, ganz zu schweigen von den Erinnerungen.

Die quälendste Frage war: Hat Lotta ein Revier gefunden? Hat sie überhaupt überlebt? Marderkämpfe können tödlich ausgehen, nicht nur unter Rüden, auch unter Fähen. Die Gründe dafür liegen auf der Hand: Bald werden sie Junge haben, und deren Ernährung muss gesichert sein, schon deswegen wird kein Steinmarderweibchen ein zweites in seinem Revier dulden. Aber es kommt noch etwas anderes dazu: Mardermütter wollen, dass ihre Jungen noch leben, wenn sie von der Jagd zurückkehren, und erwachsene Marder könnten Marderbabys übel mitspielen. Folglich kennen Marderfähen kein Pardon, und Lotta hatte das zu spüren bekommen. Wie mochte ihr nächster Kampf ausgegangen sein? War sie überhaupt noch fähig gewesen zu kämpfen? Mir war nicht wohl bei solchen Gedanken.

Was mich aber noch mehr beschäftigte: Warum war Lotta nach Ablauf der anderthalb Wochen ein letztes Mal zurückgekehrt?

Was mich daran besonders irritierte, war der Zeitpunkt unserer Begegnung: Ich war gegen elf Uhr vormittags am Bauwagen eingetroffen, und um diese Zeit schlafen Marder gewöhnlich. Lotta aber war bei meiner Ankunft aufgestanden, als hätte sie nur auf mich gewartet, nachdem sie bis dahin vermutlich unterm Bauwagendach geschlafen hatte, und war hinterher nicht, wie sonst, an ihren Schlafplatz zurückgekehrt. Alles spricht dafür, dass sie mit diesem letzten Treffen eine besondere Absicht verfolgte, aber welche? Doch ohne Zweifel die, Abschied zu nehmen – oder anders gesagt: mich auch an diesem letzten dramatischen Akt der endgültigen Trennung teilhaben zu lassen, so wie sie mich bisher schon in ihr ganzes Leben einbezogen hatte. Unsere Beziehung einfach abreißen zu lassen, muss ihr unanständig, womöglich unwürdig erschienen sein. Sie hatte es sich jedenfalls nicht leicht gemacht. Es muss sie Kraft gekostet haben, an diesem Tag zum Bauwagen zu kommen, es muss sie Kraft gekostet haben zu gehen. Sie hatte sich regelrecht losreißen müssen, und das mitanzusehen, war für mich kaum erträglich gewesen.

Ein kleiner Trost ist, dass sie es war, die den Schlussstrich gezogen hat. Dass es ihr Wille und ihre Entscheidung waren. Dass sie es war, die den Bruch herbeigeführt hat, wohl wissend, dass er unvermeidlich war. Und was mich angeht: Ich habe viele Tiere großgezogen – aber nie habe ich etwas erlebt, das mit meiner Geschichte mit Lotta vergleichbar gewesen wäre. Dieser eigenartige, unendlich traurige Abschied jedoch ist ohne Zweifel das Sonderbarste, was mir je widerfahren ist.

Seit Lotta weg ist, träume ich manchmal von ihr. Ist es Liebe gewesen? Eindeutig ja. Natürlich keine Verliebtheit. Aber sie war ein Bestandteil meines Lebens gewesen, wie ein Familienmitglied, wie ein Kind. Mein Gefühlsleben ist so beschaffen, dass es mir sowieso nicht schwerfällt, ein Tier zu lieben, aber Lotta hat mein Herz wie kein anderes Wildtier erobert. Sie war bezaubernd. Sie war eine Persönlichkeit. Sie war absolut außergewöhnlich, und in ihrer Gegenwart bin ich rundum glücklich gewesen.

Wie häufig kommt es denn vor, dass ein wildes Tier aus freien Stücken sein Leben mit einem Menschen teilt? Was ich mit Lotta erlebt habe, war ja nicht die Anhänglichkeit eines Haustiers, sondern die wilde, leidenschaftliche Zuneigung eines Wildtiers, das bestens ohne mich auskam. Und mit welcher Selbstverständlichkeit sie ihre Gefühle an mir ausgelassen hat! Ich hörte ein Rascheln im Wald, sie kam auf mich zu, begrüßte mich hocherfreut – und ich fand es normal! Sie besuchte mich am Bauwagen, kam herein, fühlte sich bei mir zu Hause – und ich fand es normal! Und jetzt, da unsere Geschichte zu Ende ist, empfinde ich ihre Abwesenheit so schmerzlich wie den Verlust eines geliebten Menschen. Ich gehe in den Wald, und der Wald kommt mir ausgestorben vor. Ich sitze im Bauwagen, und er kommt mir leer vor. Wahrscheinlich geht es vorbei. Aber es wird noch eine Weile dauern, bis ich mich wieder für eine Welt ohne Lotta erwärmen kann.

ENDE